济南市“四大泉群”园林与景观特性研究

孟 翔 著

中国建筑工业出版社

图书在版编目（CIP）数据

济南市“四大泉群”园林与景观特性研究 / 孟翔著.
北京 ：中国建筑工业出版社，2024. 10. -- ISBN 978-7-112-30504-9

Ⅰ. TU986. 2

中国国家版本馆 CIP 数据核字第 2024VE1874 号

本书研究了济南市“四大泉群”园林与景观的物质、文化特性。首先明确了相关概念、研究范围、方法、进展。分析了泉在中西方古典文化、古典园林，以及西方现代景观中的地位、意义及发展脉络。在物质特性研究中，分析了泉的出露特征及视觉表现；泉池的类别及其建设依据；建筑、装饰、植物的主要类别与作用。在文化特性研究中，分析了泉水的名称来源，与其所处位置、天然资质、历史积累相关；宋、明趵突泉诗中的景观要素，体现出了济南城市历史发展与建设情况；“七十二泉”中的品题、集景文化，及其数字来源，受到了中国古代天文历法、诗歌、园林景观的综合影响。

本书可以供园林景观相关专业科研人员、设计人员、学生参考使用。

责任编辑：赵云波
责任校对：张惠雯

济南市“四大泉群”园林与景观特性研究

孟 翔 著

*

中国建筑工业出版社出版、发行（北京海淀三里河路 9 号）

各地新华书店、建筑书店经销

北京科地亚盟排版公司制版

建工社（河北）印刷有限公司印刷

*

开本：787 毫米×1092 毫米 1/16 印张：7¾ 字数：165 千字

2024 年 12 月第一版 2024 年 12 月第一次印刷

定价：**35. 00** 元

ISBN 978-7-112-30504-9

（43694）

前言

在济南学习、生活、工作已有十余年，自觉应从自身专业角度对济南的泉水有个“交代”。因此研究的过程算是对身边“情感疏远”的“亲朋”的一次重新认识，或是一次“促膝长谈”。本书成文于2020年，如今看来仍有诸多不足之处。但贵在当时“年少无知”，自觉或许能“闯出一点名堂”。因此大胆设想，推导济南老城区内外“四大泉群”的种种物质与文化表征。最终的研究成果与济南城市历史、泉水历史发展脉络相符合，且小有创新之处，仍有可待挖掘的空间。在此过程中也产生了诸多未曾预料到的问题，探索的过程既是学习，又是一种奇妙体验，可作研究的乐趣之一。虽然文中部分定义仍显莽撞，论证过程仍有待探讨，但不失为一场大胆的尝试。如今再读，愧于其诸多不严谨之处，又珍惜其微小创新，以此矛盾的心情出版自己的第一部学术专著。以下对一些可能存疑的问题进行解答。

为何以“泉群”为题？在本研究之前的种种与济南泉（也可作“源”，泉的出露、汇聚状态，泉池建设等）、水（也可作“流”，既可以理解为泉水流出后形成何种水脉格局，也可以理解为造成了哪些社会、历史、文化影响，造就了何种更大范围的物质、文化环境等）相关的研究，重点方向从中国古典园林范式为参照进行的研究，逐渐转向城市聚落为核心的研究（明府城、泉水聚落等）。这一立基及其转向的负面影响在于无论古典园林范式，还是城市聚落范式，在尝试使泉水及其聚落、园林、景观嵌套入现代各学科体系的过程中，其完整性、独特性必然会产生不同程度的消解。因其微小体量（于其他宏观命题而言）和独特性（中国乃至世界独有），各学科又难于跨学科建立相对应的独立体系。所以需要回归泉作为一种天然资源与天然景观，其本身在济南相关园林与景观中的核心地位。“四大泉群”作为出自水文地质角度的概念，以空间为单位，以泉为核心，最为贴近“泉”及其种种衍生的天然本原；同时兼容并包，将园林景观建设、文旅积累等众多因素囊括在内。本书将中西文化与园林景观中的“泉”作横向比较，尝试梳理“泉”在人类演化过程中扮演的种种角色，勾勒社会与文化背景；在物质特性中以泉水的出露、汇聚状态及其视觉特征等为核心，逐步扩展至相关园林景观建设；在文化特性中采用量化方法，结合理论分析，从不同时代对泉的建设以及想象中，梳理出了“四大泉群”的历史发展脉络。尝试在中观角度为现今的泉水及相关园林景观等建设寻找新的视角、挖掘新的内涵，而非仅在既有中国古典园林或现代景观体系中寻求参照。在文旅市场从塑造消费动机，更多地转向塑造消费场景的今天，古代百姓、文人在泉名与诗文中展现的古代城乡生活、山海想象之诸多场景，能否作为未来泉水相关文旅开发的新命题？破除古典园林侧重服务小范围人群（自古以来多私家园林而少公共园林），无法适应当今高密度、大流量的旅游客群，与重视沉浸式体验而产生的多维文旅场景灵活切换等“新需求”之间的矛盾。从而形成较传统园林模式更为适宜现代文旅“新命题”“新场景”“新业态”的“新园林”，摆脱对现有场地的过度依赖，形成覆盖广泛、充分联动、灵活优质的文旅“新产品”，拓展消费途径、促进文旅融合、形成新质生产力。这还需时间解答。

为何要采用“园林与景观”一说，将两者并列？在设计领域，两者貌似有所重合，至今未有清晰的分野。在《辞海》中，“园林”是指“人工营造或加工的山池林木和建筑以供人们游憩观赏之场地”；“景观”则内容更加宽泛，不仅指“风光景色”，又被各学科冠以不同前缀，用以识别具有强烈的本学科领域特征，被视觉、听觉、嗅觉、触觉、味觉等所感知，但不仅限于此的种种现象，变得更为抽象且涵盖广泛。因此景观可观可感，但不一定具有游憩观赏之功能，且在某些尺度上无法为一般缺乏经验的个体所认知。两者对比而言，园林相较景观，更加侧重“内向”“主观”“古代”等特征，如同被框定好边界的场域，其中建设以园主或造园师的个人意趣为导向。但从中国古典园林角度出发，缩摹天地（表达对天地万物的关注与好奇，带有一定的神权和皇权色彩），观四时之景（私以为与农耕文化影响有关，广集对于季节、气候变化有所表现的植物，便于适时劳作，后被抽象为一种审美意趣）又极其重要。园林在发展过程中也不仅仅局限于划地为园，置以山、池、树木与建筑，而是在更大范围中尝试探索新的模式，广纳要素且予以充分调动。时至今日“园”与“林”逐渐细分，国土空间规划、生态保护等相关理念逐步纳入风景园林体系之中，更加模糊了园林与景观的概念。从这一点来看园林又并非“内向”“主观”的。中国古典园林亦需传承，时至现代也不乏古典风格的园林佳作，甚至不囿于风景园林实践的范畴，进入了建筑设计、室内设计等领域，所以又非“古代”的。景观相较园林而言，貌似更加“外向”“客观”“现代”。从现代科学角度而言，景观的形成基于两个方面，外在的自然环境（自然景观）、历史文化（人文社会景观）背景，和内在的人体生理结构与感受、社会群体认知等，内外相互映射。但人的感受又基于生理特征、经历与认知差异，是相当个体化的，以此为基础的社会群体认知的形成则更为复杂。因此景观相较于园林，基于现代科学的细分与深入，更加难以界定其究竟是内向还是外向，主观还是客观，古代或是现代。在设计领域，园林与景观两者的语义近似，使两者在诸多场景中产生了混用。基于以上分析，本研究搁置这一争论，将两者视为一个整体，以期完全吸纳与泉相关的种种影响因素。仅为便于快速识别、理解，而在局部采用“古典园林”与“现代景观”的称谓。

目录

第一章
导论：作为济南园林与景观核心的“四大泉群”

第一节　问渠如许：“四大泉群”及其园林、景观的研究意义

1.1.1　研究背景

作为中国乃至世界上唯一的，有众多天然泉水汇集城区，且其深刻影响其历史与发展的城市，山东省济南市被称为“泉城”。自古围绕泉水形成了繁荣的城镇聚落，以及郊外的风景名胜，引得历代文人题写诗文，建设园林，凝聚而成了特有的“泉文化”。“泉文化”又进一步影响了古今城市空间格局的演进，风景名胜区及相关园林景观的建设。物质与文化互相影响，形成了以泉水为核心的园林与景观。其中以处于“明府城”城内及其周边的“四大泉群”历史最为悠久，人们与以泉水为代表的自然万物交互最多，相关古典园林建设历史较早，时间跨度较长，园林与景观积累也最为深厚，在中国古典园林中独树一帜。最早关于济南泉水（“趵突泉”）的记载见于北魏时期（公元386—534年）水利学家郦道元所著《水经注》，至今已一千五百余年（《春秋左传》中所载的泺水源头疑似为趵突泉，仍未有结论，此处以《水经注》所载为准）。现代景观建设历史则较短，集中于20世纪末至21世纪初，与古典园林古今建设相结合，形成了现今的园林景观的基本格局。因此本研究将以古典园林视角为主，现代景观视角为辅。

“四大泉群”的意义具体表现为四个方面：（1）地理意义：“四大泉群”的水文地质系统极为特殊。济南地下是可溶性灰岩，承接了济南南部山区等地汇聚而来的大量地下水，长时间溶蚀出了大规模的地下“管网”。储存大量地下水的同时，被北部紧密的岩浆岩阻挡，最终凭借强大压力涌出地面。（2）生态意义：“四大泉群”所包含的各个泉，是护城河、大明湖等位于泉群北侧之水体的重要水源（济南城市水系基本结构：泉-渠-湖-河）。因此，“四大泉群”对济南城市中心区域的动植物生长、微气候调节等都有重要作用。同时影响了济南市北部郊区多处湿地，包括美里湖湿地、白云湖湿地、白象湿地、孝里湿地等。（3）文化意义：因为泉眼众多、水质优良、流量稳定而形成了小规模的聚集居住区，规模扩大后形成了城市。泉水及围绕其形成的水系统影响了

城市规划和建设，围绕泉水形成了园林与景观。在此过程中作为天然资源的泉水，不断影响文化发展。例如曾巩、苏辙、赵孟頫、李清照等文人创作了诸多与“四大泉群”相关的文学作品。（4）经济意义：山东省文化旅游开发的基本格局可以概括为“一山一水一圣人”。其中的“水”既可以指黄河，也可以指“趵突泉”。以“趵突泉”为核心的“四大泉群”形成了“天下第一泉”风景名胜区，发展了文旅经济，对省、市两级的文旅发展皆起到了一定的辐射带动作用。除观赏价值之外，泉水根据不同的水质等级，可以开发出诸如饮用水等不同的使用途径，创造多元的经济价值。

当今“四大泉群”的园林与景观的建设、管理、研究角度存在以下问题：（1）自然属性问题。“四大泉群”各个泉大多数为自然形成，少部分为人为挖掘所形成，较为分散且无规律，水量受自然条件变化的影响较为明显，园林与景观角度难于规划、建设、管理。现有“四大泉群”所处的趵突泉公园、五龙潭公园、环城公园黑虎泉段、明府城城区、大明湖公园（“珍珠泉泉群”大部分位于明代府城内，少部分位于大明湖公园范围内）之间相对独立，难以形成完整体系，影响文化旅游开发。（2）历史发展问题。历史上相关园林损毁、重建较多（见附表1）。魏晋时期，有为了祭祀泉作为水源地而兴建的祠庙园林；有供文人饮酒作诗而建的“流杯池”；有供行人休息观景的“客亭”；还有佛教的寺观园林。隋、唐时期的园林在前期的基础上没有得到明显发展。宋、金、元时期，寺观园林与“流杯池”消失，祠庙园林与客亭得到重修与扩建。明、清时期迎来发展高峰期，随着济南逐步开展大规模城市建设，园林种类与数量呈现爆发式增长（图1-1）。但明代与清代更替时期大部分园林被毁坏。清代重修和新建的园林，部分遵循了明代时期曾有的园林位置。泉被作为园林的水源，或是独立的观赏对象。从发展速度来看，五龙潭泉群、珍珠泉泉群周边的园林发展最快；趵突泉泉群发展较慢；黑虎泉泉群出现较晚，且周边园林建置较少，在此不作讨论。从园林类型来看，珍珠泉泉群周边以皇家（藩王）园林，或衙署园林、公共园林为主。趵突泉泉群、五龙潭泉群周边以文人园林为主，兼有公共属性。由上可见，“四大泉群”园林与景观建设时间跨度较长，成因复杂，又受到自然灾害、战争等因素的影响，不断经历建设、破坏、重建，由此所形成的园林与景观，既无明显规律，更难以区分类型。如今仅存少部分遗迹。所以园林与景观构成复杂，遵从的建设依据各异，亟须梳理现状，形成整体规划。（3）地域风格问题。现存中国古典园林中以北方皇家园林（“三山五园”为代表）与南方私家园林（苏州园林为代表）最为典型。以北京、苏州为参照，济南几乎地处两者正中。济南泉水园林不仅具备南、北方独一无二的、直接处于城市、园林中心的、丰沛的自然泉水资源（北京、苏州园林中所称泉水，多数为园外所引入），而且在园林建设上因为所处地域、气候、文化等方面的原因而兼具南、北方特色；此外“四大泉群”周边兼具自然形成的风景名胜区，与人工建置的私家园林景观集中地、居民公共休闲生活区等多重空间、功能特征。因以上所述先天资源与后天发展皆较为特殊，所以园林与景观建设等方面难于找到较为成熟的经验可供借鉴。（4）研究倾向问题。现有的相关研究基本以高校为主体，相应地存在两个问题：其一，由于前期学科设置等原因，园林与景观研究缺乏相互借鉴。例如风景园林、景观设计等专业分别开设于农林类、建筑类、艺术类等高校，或其他综合类高校，研究方向与内容侧重不一。风景园林学、设计学学科形成时间较短，体系仍未成熟完备。其二，以学科框架内部所界定的既有范畴定义场地，跨学科、综合层面的研究较少，在是否借鉴其他学科体系框架及研究成果，借鉴多少等方面较为矛盾。宏观上对“四大泉群”园林与景观的综合价值、特征理解无法深入，微观上缺乏对各个泉的水文地质特征、视觉特征进行梳理，以及基于此对各泉水之间进行的横向比较。但无论学科等如何变动，客观需求仍在，应当以结果为导向，直面需求。

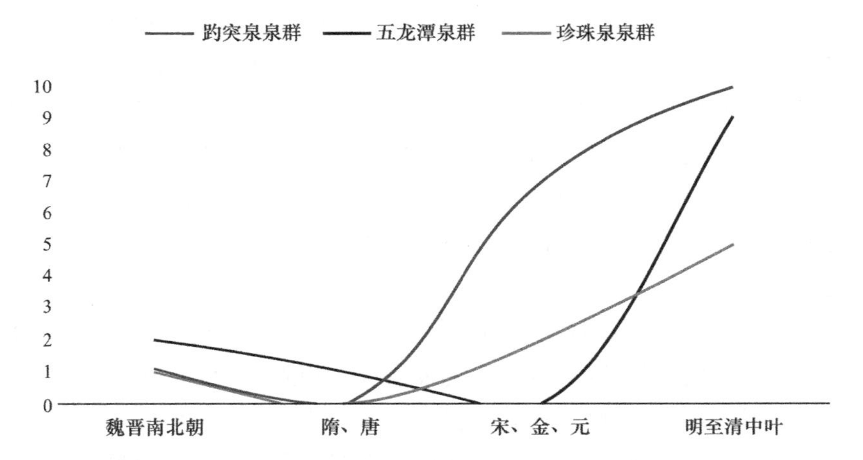

图 1-1　济南市“四大泉群”周边主要园林或相关建置历代数量变化

（注：“黑虎泉泉群”形成时间较晚，园林建设较少，因此不含“黑虎泉泉群”）

1.1.2　研究目的

本研究的目的包含以下三点：

首先，以当前时间为节点，明确泉在济南“四大泉群”园林与景观构成中的核心作用。在此基础上，打破传统园林与景观相关专业的界限，对各方面的要素进行综合分析。研究其园林与景观相关的物质及文化特性，明确两者之间的关联及相互作用。

其次，在明确“四大泉群”园林与景观现状的物质特性、文化特性的基础上，对“四大泉群”进行同一类型园林与景观要素的对比，明晰差异，寻找规律及原因，以便于对“四大泉群”进行整体规划。

最后，在对“四大泉群”园林与景观特性研究和各要素对比研究的基础上，为今后生态环境与资源保护、城市居民服务、旅游等资源开发与利用等提供依据，发挥泉作为济南“四大泉群”园林与景观核心资源的作用。

第二节　方塘鉴开：“四大泉群”园林与景观的研究方法及相关概念

1.2.1　研究课题和范围

济南市地处山东省中部，南依泰山，北跨黄河，为平原与丘陵、山地的交界处，地下水水位较高，兼具水源丰富，产生了众多天然的泉水。山东自古为中国古代文化的一处重要核心区，涵养了大量人口，形成了丰富产出，对统一国家的形成具有重要意义。发展至今以儒家文化为代表，兼顾道教、佛教文化，形成了“一山一水一圣人”，即以泰山、黄河（亦可为“趵突泉”）、孔子为核心的基本文化格局。受到自然环境与社会环境交互影响，济南市自古形成了众多的园林与景观建设。

本研究的具体范围是地处于济南市“明府城”（以明代所营建的“济南府”古城为基本范围）内外的“四大泉群”各泉及周边园林景观相关建设。从现状出发，梳理历史遗存与现代影响，分析其物质与文化特性。为生态环境与资源保护、城市居民服务、旅游等资源开发与利用等层面的需求提出相应依据。

1. 地理位置

“四大泉群”位于济南市明代府城内外，三处依护城河内、外分布（外侧为主），一处分散在明代府城内。包括：(1)“趵突泉泉群”（位于护城河外西南侧）；(2)“五龙潭泉群”（位于护城河外西侧）；(3)“黑虎泉泉群”（位于护城河东南段沿岸，河道南、北岸两侧）；(4)“珍珠泉泉群”（主体位于大明湖南侧，明代府城城内；大明湖周边有零散泉水）。

2. 建设情况

作为传统的风景名胜区和园林、景观的集中地，“四大泉群”如今被分别建设为公园或景观区，共涉及4处公园、1处景观区。分别为：(1) 趵突泉公园；(2) 五龙潭公园；(3) 环城公园黑虎泉景观段；(4) 大明湖公园；(5)“明府城”综合景观区（“珍珠泉泉群”南部诸泉分散于街区、民宅、私人商店、府学文庙、人大政府办公区等区域内；北部有少量泉水，分别为“感应井泉”“扇面泉”“司家井”，共3处，位于大明湖公园内）。同时，以上诸公园、景观区已被合并为“天下第一泉”景区，以便于开展旅游角度的规划、建设与管理。

3. 所含各泉

“四大泉群”分别为“趵突泉泉群”“五龙潭泉群”“黑虎泉泉群”“珍珠泉泉群”，所含各泉详见表1-1。

4. 泉水类型划分

“四大泉群”各个泉包含四种类型，重要程度依次递减：(1) 位列“七十二泉”中

“四大泉群”各泉名录　　表 1-1

泉群	所含各泉	总计
趵突泉泉群	趵突泉、柳絮泉、漱玉泉、皇华泉、马跑泉、满井泉、杜康泉、无忧泉、湛露泉、石湾泉、望水泉、新金线泉、卧牛泉、登州泉、东高泉、饮虎池、混沙泉、沧泉、酒泉、灰池泉、浅井泉、螺丝泉、老金线泉、花墙子泉、白云泉、泉亭池、白龙湾泉、尚志泉、洗钵泉	29
五龙潭泉群	西蜜脂泉、天镜泉、回马泉、古温泉、月牙泉、虬溪泉、玉泉、五龙潭、官家池、濂泉、贤清泉、泺溪泉、洗心泉、七十三泉、青泉、井泉、显明池、聪耳泉、晴明泉、赤泉、醴泉、东蜜脂泉、东流泉、静水泉、北洗钵泉、净池泉、潭西泉、裕宏泉	28
黑虎泉泉群	琵琶泉、黑虎泉、玛瑙泉、九女泉、白石泉、寿康泉、古鉴泉、汇波泉、对波泉、胤嗣泉、金虎泉、一虎泉、南珍珠泉、任泉、五莲泉、豆芽泉	16
珍珠泉泉群	双忠泉、玉环泉、芙蓉泉、腾蛟泉、濯缨泉、珍珠泉、溎泉、散水泉、舜井、溪亭泉、不匮泉、太极泉、广福泉、扇面泉、刘氏泉、云楼泉、知鱼泉、感应井泉、灰泉、孝感泉、朱砂泉、启福泉、启禄泉、启寿泉、华家井、昇仙泉、启喜泉、放生池、雪泉、福德泉、玉乳泉、孟家井、凤翥泉、公界泉、太平井、天净泉、状元井、鞭指井、司家井、厚德泉、岱宗泉、泮池、佐泉、佑泉、兴隆泉、同元井、院后泉、珍池、王庙池、院北泉、永安泉、无名泉、县东泉、水芝泉、起凤泉、九角泉、碧玉泉、无名泉、关帝庙泉、武库泉、存心泉、承运泉、珠沙泉、清泉、水华泉、苏家井、水芸泉、玉枕泉、南芙蓉泉、小王府池、神庭泉、平泉、源泉、银珠泉	74

注：泉群及其所含各泉均来源于《济南泉水志》。

的名泉（“七十二名泉”所含各泉，金、明、清等历代记载略有差异，本研究以当前流传的“七十二名泉”名录为标准，详见《济南泉水志》）；（2）泉群泉；（3）散泉；（4）消失泉。历代常以“七十二名泉”作为泉水相关文化创作、园林景观建设的主要目标和内容，一般流量较大；泉群泉通常在流量上与名泉相近，历史上的文化积累，包括园林与景观建设相较名泉而言整体较少；散泉仅包含于“珍珠泉泉群”内，分散于古城区的街区、民宅、商铺、人大政府驻地等区域内，在流量与文化积累上不及名泉、泉群泉；消失泉为历史上曾经存在，但因为种种原因已经消失的泉水。因此本研究在案例选择时，以“四大泉群”所含历代“七十二泉”中的名泉为首选，其次为泉群泉，最后为散泉。消失泉已无遗存，则不予研究。

5. 泉水各类型数量与比例

（1）趵突泉泉群包含“七十二名泉”14 处，泉群泉 14 处，消失泉 1 处，共 29 处（表 1-2），所含各泉数量约占“四大泉群”泉水总量的 19.73%。

“趵突泉泉群”各类型泉名录及数量统计　　表 1-2

		各类型泉				总计
		名泉	泉群泉	散泉	消失泉	
趵突泉泉群	泉水名录	趵突泉、柳絮泉、漱玉泉、皇华泉、马跑泉、满井泉、杜康泉、无忧泉、湛露泉、石湾泉、望水泉、金线泉、卧牛泉、登州泉	东高泉、饮虎池、混沙泉、沧泉、酒泉、灰池泉、浅井泉、螺丝泉、老金线泉、花墙子泉、白云泉、泉亭池、白龙湾泉、尚志泉	—	洗钵泉	29
	各类型泉数量	14	14	0	1	

注：泉水名录及泉水分类均来源于《济南泉水志》。

（2）五龙潭泉群包含“七十二名泉”11处，泉群泉17处，共28处（表1-3），所含各泉数量约占“四大泉群”泉水总量的19.05%。

“五龙潭泉群”各类型泉名录及数量统计　　表1-3

		各类型泉				总计
		名泉	泉群泉	散泉	消失泉	
五龙潭泉群	泉水名录	西蜜脂泉、天镜泉、回马泉、古温泉、月牙泉、虬溪泉、玉泉、五龙潭、官家池、濂泉、贤清泉	泺溪泉、洗心泉、七十三泉、青泉、井泉、显明池、聪耳泉、晴明泉、赤泉、醴泉、东蜜脂泉、东流泉、静水泉、北洗钵泉、净池泉、潭西泉、裕宏泉	—	—	28
	各类型泉数量	11	17	0	0	

注：泉水名录及泉水分类均来源于《济南泉水志》。

（3）黑虎泉泉群包含“七十二名泉”5处，泉群泉11处，共16处（表1-4），所含各泉数量约占“四大泉群”泉水总量的10.88%。

“黑虎泉泉群”各类型泉名录及数量统计　　表1-4

		各类型泉				总计
		名泉	泉群泉	散泉	消失泉	
黑虎泉泉群	泉水名录	琵琶泉、黑虎泉、玛瑙泉、九女泉、白石泉	寿康泉、古鉴泉、汇波泉、对波泉、胤嗣泉、金虎泉、一虎泉、南珍珠泉、任泉、五莲泉、豆芽泉	—	—	16
	各类型泉数量	5	11	0	0	

注：泉水名录及泉水分类均来源于《济南泉水志》。

（4）珍珠泉泉群包含“七十二名泉”10处，泉群泉11处，散泉53处，共74处（表1-5），所含各泉数量约占“四大泉群”泉水总量的50.34%（图1-2）。

“珍珠泉泉群”各类型泉名录及数量统计　　表1-5

		各类型泉				总计
		名泉	泉群泉	散泉	消失泉	
趵突泉泉群	泉水名录	双忠泉、玉环泉、芙蓉泉、腾蛟泉、濯缨泉、珍珠泉、溪泉、散水泉、舜井、溪亭泉	不匮泉、太极泉、广福泉、扇面泉、刘氏泉、云楼泉、知鱼泉、感应井泉、灰泉、孝感泉、朱砂泉	启福泉、启禄泉、启寿泉、华家井、昇仙泉、启喜泉、放生池、雪泉、福德泉、玉乳泉、孟家井、凤翥泉、公界泉、太平井、天净泉、状元井、鞭指井、司家井、厚德泉、岱宗泉、泮池、佐泉、佑泉、兴隆泉、同元井、院后泉、珍池、王庙池、院北泉、永安泉、无名泉、县东泉、水芝泉、起凤泉、九角泉、碧玉泉、无名泉、关帝庙泉、武库泉、存心泉、承运泉、珠沙泉、清泉、水华泉、苏家井、水芸泉、玉枕泉、南芙蓉泉、小王府池、神庭泉、平泉、源泉、银珠泉	—	74
	各类型泉数量	10	11	53	0	

注：泉水名录及泉水分类均来源于《济南泉水志》。

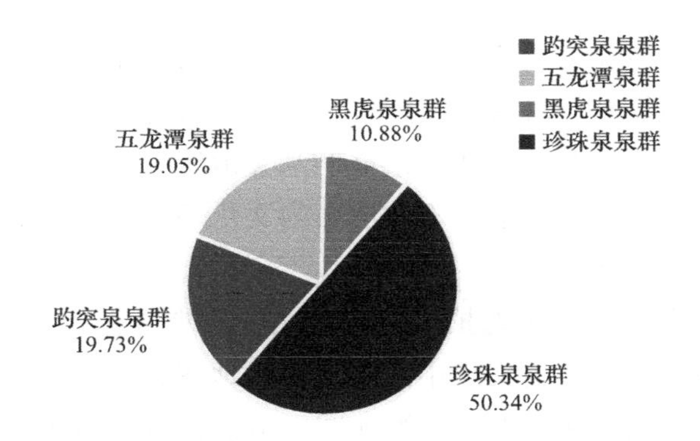

图 1-2 各泉群所含泉数量分别占“四大泉群”总量百分比

综上可得，“四大泉群”所含各泉总计 147 处，其中：名泉共 40 处，占“四大泉群”所含各泉总量的 27.21％；泉群泉共 53 处，占“四大泉群”所含各泉总量的 36.05％；散泉共 53 处，占“四大泉群”所含各泉总量的 36.05％；消失泉共 1 处，占“四大泉群”所含各泉总量的 0.68％（见表 1-6，如图 1-3 所示）。

“四大泉群”中所含各类型泉数量统计及其分别占总量百分比　　表 1-6

泉群	各类型泉				总计	各泉群所含泉占“四大泉群”总量百分比
	名泉	泉群泉	散泉	消失泉		
趵突泉泉群	14	14	0	1	29	19.73％
五龙潭泉群	11	17	0	0	28	19.05％
黑虎泉泉群	5	11	0	0	16	10.88％
珍珠泉泉群	10	11	53	0	74	50.34％
“四大泉群”各类型泉总量	40	53	53	1	147	
各类型泉占“四大泉群”总量百分比	27.21％	36.05％	36.05％	0.68％		

注：泉水名录及泉水分类均来源于《济南泉水志》。

综上所述，本书的研究将以历代“七十二泉”名录中的“名泉”作为重点，对具有较高园林与景观研究价值的泉群泉、散泉有选择地进行研究。对于已消失、停止喷涌等研究价值较低，或处于永久或暂时封闭而禁止进入的历史文化保护区域、人大政府驻地、私人民宅等区域内，即研究条件不充分的泉，或进行概述，或不予研究。

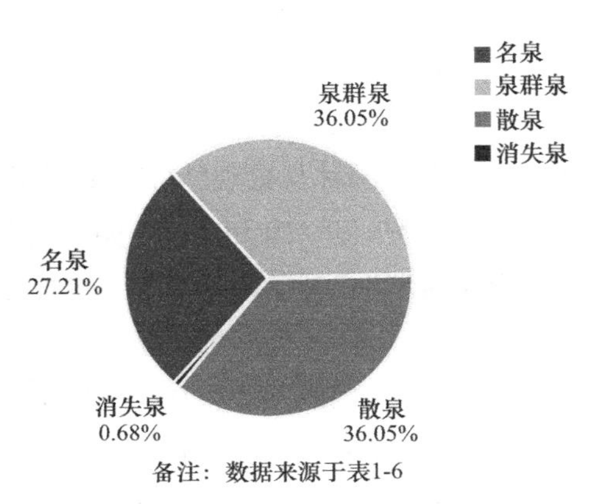

图 1-3 各类型泉数量分别占“四大泉群”总量百分比（％）

1.2.2 研究方法

1. 文献综合分析

“四大泉群”园林与景观建设跨越了一千五百余年，相关文献涉及多种类别。其中包含写实为主的历史文献、抒情为主的文学作品，以及起始于近现代，基于自然科学角度进行的各种统计数据和针对古代文献进行的现代研究等。这些都为本研究奠定了基础。为整理本研究中所涉及的“四大泉群”水文地质等自然条件，相关园林与景观及周边其他建设环境，历史、文学等不同层面的文化环境等前人的研究成果，对相关图像、书籍、论文等进行梳理。

图像方面。本研究以个人实地拍摄照片为主要资料来源，辅助以部分参考图像。参考图像包括古代图像，即历史文献中的济南古代地图、古代绘画等历史图画；现代图像包括现场照片，相关网站提供的二维地图、街景、卫星图像，由景区制作并提供给游客的导览示意图等。

书籍方面。书籍包括作为基本参考的最新官方资料合集，即《济南泉水志》（济南市史志办公室，2013 年编）；将中国古典园林作为背景进行研究，参考了周维权《中国古典园林史》等；将西方古典园林与现代景观设计作为背景进行研究，参考了针之谷钟吉《西方造园变迁史——从伊甸园到天然公园》等；作为对“四大泉群”物质特性进行的研究，参考了彭一刚《中国古典园林分析》等；作为对“四大泉群”文化特性进行的研究，参考了古代地方志，例如于钦《齐乘》等。

论文方面。以中国知网为主要的论文检索平台，收集分析包括期刊论文、学位论文、会议论文等。期刊论文包括齐廉允等《济南传统园林的地域特色及现代价值分析》等；博士论文包括宋凤《济南城市名园历史渊源与特色研究》等；硕士论文包括牛沙《杭州市西湖风景名胜区古泉池景观研究》等；会议（学术论坛）论文包括刘刚《济南生态基础设施景观格局及规划策略》等。

除对于以上图像、书籍、论文等文献的分析之外，本研究将引用围绕“四大泉群”园林与景观而产生的众多诗、文创作，如苏辙的《和孔武仲济南四咏·槛泉亭》（注：以《济南泉水志》所载版本为准）等，大部分于相关志书内皆有所记载。

2. 实地调查

在前期文献检索、资料收集，对“四大泉群”基本概况有所了解之后，为调查“四大泉群”园林与景观特性，采用了实地调查的研究方法，普遍调查与个别调查相结合，重点对凸显“四大泉群”园林与景观特性的内容进行调查。对“四大泉群”所含“趵突泉泉群”“五龙潭泉群”“黑虎泉泉群”“珍珠泉泉群”及其所属的趵突泉公园、五龙潭公园、环城公园黑虎泉段、明府城景观区、大明湖公园等区域进行了现场调查。对 4 处公园、1 处景观区中对外开放游览的名泉、泉群泉、散泉及其园林与景观现状进行了调查，消失泉未予调查。

调查形式包括：（1）拍摄现场照片，主要是对于泉水状态、泉池、建筑、植物、周边铺装，以及其他园林与景观相关建置的记录；（2）核实古代与现代文献中所记载的相关状况与数据是否属实，有何差异，例如泉水位置、出露状态等；（3）观察游客行为，分析不同人群与现有园林与景观相关建置的交互行为及影响，如市民、游客对泉水的采集行为，依托水体、泉池、假山、建筑等进行的游憩行为等；（4）采访前往泉水取水的市民，主要在“黑虎泉泉群”的白石泉，与“五龙潭泉群”的玉泉等主要取水点展开；（5）观察园林、河道（泉渠、护城河）内工作人员的维护管理行为，如人力打捞垃圾、工作船机械打捞漂浮物等。

3. 数据统计分析

通过前期的文献分析和实地调查，对收集到的“四大泉群”园林与景观的相关内容进行统计分析。物质特性方面，对直接或间接影响园林与景观的泉水出露形态、泉池、建筑等同一要素，通过比较、分类、统计等方式，以形成直观的、可视化的数据列表，总结其物质特性。文化特性方面，围绕“四大泉群”所形成的泉名以及历代诗、文作品，对其文中词汇的属性、来源、主题、出现频率等进行统计分析，总结其文化特性。

1.2.3　研究领域相关概念

1. 泉

（1）水文地质角度

泉被定义为地下水，或地下含水层天然出露至地表的地点，多位于冲积扇顶部。其形成条件为：含水层或含水通道被破坏，以及稳定的水源补充。水源通常是渗入地层的大气降水，例如雪水和雨水。泉是地下水的一种重要排泄方式，因此泉的另一形成条件应当为泉的所处地域拥有较高的地下水水位。

根据水流是否持续，通常可将泉分为常流泉和间歇泉。如果地下水露出地表之后未形成明显水流，则称为渗水，作为泉时也称渗流泉。根据水温不同，则可以分为温泉和冷泉。含水层承压而使地下水沿着裂隙或孔隙上升，从而垂直冒出地表的，称为上升泉，无压而呈流淌状的则称为下降泉。“四大泉群”在温度上可划分为冷泉；含水层承压而露出地表，因此可划分为上升泉。所含各泉流量大小不一，常流泉、间歇泉、渗流泉皆备，并且随着降水量、地质结构等变化而变化。

（2）字形、语义角度

字形角度。古代汉字象形，“泉”的字形为模仿泉水自洞穴中流出。从构成而言，表示有“源”有“流”，既有源头，也有一定水量而形成的水流。这与水文地质角度对泉的定义，以及自然状态中的泉所展现出的形态是相符的。

因“泉”被视为水之源头，有时也概指水。特别是指无法明确源头，且流动的水。例如将瀑布称为“立泉”，将雨称为“天泉”等。中国古典园林“筑山理水”技法中就有利用雨水产生瀑布景观的“坐雨观泉”。

2. 泉群

“泉群”是指多个泉水群聚一处，即泉眼密集地带。济南泉群的主要特征为数量巨大，位置、流量等相对稳定，且集中程度较高。《济南泉水志》对“泉群”的定义是泉水出露的一种聚集形式，出于某种角度对其进行的人为划分。例如从水文地质角度而言，同一泉群内应为相同来源，相同成因，联系非常密切。有时泉群的划分目的是便于保护、管理，进行相应的开发。因此泉群不止包含泉眼、泉水，还包括受其影响而形成的广泛的要素集合。

济南明代府城附近有四处泉群，共含泉百余处，并称“四大泉群”，根据具有代表性的泉命名。分别为：趵突泉泉群、五龙潭泉群、黑虎泉泉群、珍珠泉泉群，是本书研究的主体。

2004 年 4 月 2 日，济南名泉研究会、济南市名泉保护管理办公室公布了新划分的郊区“六大泉群”，加上城区原有的“四大泉群”，共“十大泉群”。济南市“十大泉群”，共含泉数百处，根据具有代表性的泉或所处河流流域命名。分别为：趵突泉泉群、五龙潭泉群、黑虎泉泉群、珍珠泉泉群、白泉泉群、涌泉泉群、袈裟泉泉群、玉泉河泉群、百脉泉泉群、洪范池泉群。

3. 中国古典园林

概指中国古代园林发展的实践成果与历史脉络。其核心观念是“虽由人作，宛自天开”。由于崇尚自然，因此形成了以自然为导向的思想体系与实践体系。周维权在《中国古典园林史》中，总结了中国古典园林的特点、发展阶段、基本类型。他将中国古典园林的特点归纳为四个方面：“本于自然、高于自然”“建筑美与自然美的融合”“诗画的情趣”“意境的含蕴”。他按朝代将中国古典园林划分为不同发展时期：生成期（商、周、秦、汉）、转折期（魏、晋、南北朝）、全盛期（隋、唐）、成熟期（宋、元、明、清初）、成熟后期（清中叶、清末）。他又根据所属或服务对象划分类型，分为皇家园林、私家园林、寺观园林、祠庙园林、城市园林、衙署园林等。其中以文人参与设计、文人审美为主导的园林又被称为“文人园林”（多属私家园林），是中国古典园林的审美高峰。文人园林的实践成果在古典园林中后期甚至影响到了皇家园林建设，出现了众多模仿现象。历史上有众多著名的文人进行了园林实践，例如唐代诗人、山水画家王维的“辋川别业”。同时期的白居易则醉心于植物栽培，并为之创作了大量诗歌。

除众多的实践之外，也形成了众多园林相关理论著作。例如明代计成的《园冶》，其中详细叙述了园林选址与设计原则、工程技术方法、装饰艺术等相关理论。与园林设计、建造、装饰等相关的，还有明代文震亨的《长物志》、清代李渔的《闲情偶寄》，他们在对园林建设进行研究之外还带有一定的生活情趣，园林中的生活又反向影响了他们的文学与艺术创作。济南市“四大泉群”的园林与景观建设以中国古典园林为背景，又身处中国古代文化的核心区，因此深受文人审美的影响，体现于其物质特性与文化特性中。

4. 筑山理水

崇尚、表现自然中的山、水及其相互之间的依存关系，被视为中国古典园林的核心追求。“筑山理水”概指处理园林中所遇到的山（石）水布置，及处理其相互关系时所用的技法。以土、石、水等天然材料为素材，以模仿自然中山水的形态、关系为原则，追求“虽由人作，宛自天开”的自然状态。在济南市“四大泉群”中，“筑山理水”技法的使用非常普遍，是泉池建设与周边建设的重要组成部分。

“筑山”也称“掇山”。在明代计成的《园冶·卷一·兴造论》（论述园林建设的基本原则）中，提出了“泉流石注，互相借资”，点明了园林建设中水、石相互依存的基本关系。在园址（“相地”）、地基（“立基”）选择，建筑类型与设计（“屋宇”“装折”“门窗”“墙垣”“铺地”）之后，即是假山石的堆叠（“掇山”）。在对部分假山设计（“池山”“山石池”“金鱼缸”）的叙述中，分别提出了与不同假山相对应的水池的设置，都是针对山水存在的关联关系而进行的。在“掇山”部分中与假山设计一同出现，并且紧随其后的是关于模仿自然水体的“涧”“曲水”“瀑布”等水景设计的论述。其核心观念是通过假山的堆叠，从而达成所期望的水景效果。从“理水”的章节设置上也可以看出利用山、石引水、蓄水的基本设计技巧。《园冶》所展现的假山与水景的设计理念，充分表现出了中国古典园林观念中的“山水相依”对园林建设的具体影响。与《园冶》所表现出的山水观念相似的，还有郭熙的画论《林泉高致》等园林或艺术创作的相关理论，后文进行详细论述。

5. 现代景观设计

在近年的“四大泉群”建设中，泉水相关建置也部分采用了现代景观设计的处理手法，例如环城公园的黑虎泉段等。其他公园建设也部分地吸纳了现代景观设计的理念，例如五龙潭公园。现代景观设计发展时间较短，因为起源于西方，所以继承了一部分西方古典园林的观念与技法，主要是人文因素的影响。随着近现代西方思想的解放，连带东方文化自东向西的传播，现代景观设计也融入了中国古典园林、日本园林的部分审美思想、设计理念。在这一全球化起始的过程中，整个人类社会的发展，前所未有地影响了园林与景观的发展。自然与社会发展的影响除了表现在东西方思想的交融之外，具体的还包括物种迁徙等现象。因此园林与景观表达的内容、可用的素材，得到了极大丰富。虽然其影响从不同立场而言有所争议，但客观上为现代景观设计发展提供了物质条件。在由经济发展促成的社会需求方面，工商业大发展而造成的资产阶级的崛起，促成了城市中产阶级的形成，城市人口也前所未有地膨胀起来，形成了新的社会财富主体。在此基础上，在人们面临的严重的城市污染与跨地区的交流中，加深了城市居民对自然环境的需求，功能指向性更为明确的现代景观设计由此应运而生。在这一过程中，现代景观设计虽然受到了不同现代艺术流派的影响与个人思想的左右，但传统园林倾向服务少部分人，专注于感性的理想环境塑造，或是对单纯感官体验的追求，正在得以改变。

发展至今，现代景观设计的内涵不断丰富，吸收了大量自然科学、人文社会科学的最新研究成果，涵盖了生态学、地理学等学科。审美也随之从偏向感性转而偏向理性，更多从物质的本原出发，建立其与周边环境的理性联系。现代景观设计的目标也已经从改善具体场所内小部分人类群体的生活环境，扩展至利用各种科学方式，改善人类群体生存环境的范畴。济南市“四大泉群”地处市区中心，积累了众多人与自然和谐相处的实践经验，同时也在现代化、城市化进程中面临许多新的问题。因此亟须吸取现代景观设计的经验，帮助“四大泉群”消除难以解决的现代化、城市化带来的负面影响，弥补传统园林建设方法中存在的不足。

第三节　载志载文：古代志书与文学作品中的“四大泉群”及其园林与景观

作为历史悠久的风景名胜区，同时也是大量园林景观集中建设的区域，关于“四大泉群”的古代研究史呈现出多种形式。其中包括较为客观、写实的地理著作与方志：（1）地理志：有直接描写泉水形态的水文著作，例如北魏郦道元所著《水经注》。文中“卷八·济水”中，记述了泺水源头，即趵突泉“泉源上奋，水若涌轮”，形容趵突泉水势浩大，波浪涌起像是车轮一般。（2）国家与地方志：国家志方面，春秋时期左丘明所作《春秋左传》中，第一次提及了“泺”，即泺水源头——趵突泉（对“泺”是否指趵突泉，学界仍有争议）。明代李贤所著《大明一统志》在“卷二十二·济南府”中提及了多处泉水，也提及了“七十二名泉”。“七十二名泉”所收录的各泉，历代虽有一定变换，但历来以“四大泉群”各泉，即围绕古城区内外的各泉为主体。有部分描写泉水或泉水园林的地方志，例如元代于钦所著的《齐乘》，明代嘉靖年间陆釴等所著的《山东通志》，明代崇祯年间刘敕所著的《历乘》等。其间主要记述了泉水名称与位置。历代地方志所载泉水及相关内容也体现出了济南城乡发展的历史变迁。（3）泉水志：最为特殊的是清代任弘远所编纂的《趵突泉志》，全书共两卷，分为十五个部分，全面记述了与趵突泉相关的地理、历史、文化等信息。《趵突泉志》也是中国古代历史上唯一一部以泉为主题的志书。

除地理著作与方志外，也有相对而言较为主观、抒情的文学作品：（1）集景文学：以泉为核心的集景文学著作，包括碑文、组诗、游记等，以“七十二名泉”最具代表性。例如金代的《名泉碑》（作者不详，由元代于钦在《齐乘》中所记载），明代晏壁所作的《七十二泉诗》，清代郝植恭所作的《七十二泉记》（注：以上《名泉碑》《七十二泉诗》《七十二泉记》相关内容均以《济南泉水志》所载版本为准）。三者分列了不同时代流传的“七十二名泉”，记述了泉水名称、景观特征、所处位置等信息。因其较为稳定地继承、传播，而成为济南各泉的代表（所含具体泉水历代都有变化，但其总体数目与部分核心的泉基本保持稳定）。其中相关的诗、记，配合语言简练而含义丰富的泉名，在漫长的园林与景观的发展史中，为“七十二名泉”增添了浓厚的文学意蕴。（2）泉水诗词：以集群或独立的泉水为主题的诗词题咏，在众多相关文学创作中数量占比最多，造诣最高。除上文中提及的，同时归属于集景文学的晏壁的“七十二泉诗”

外，其他还有例如宋代苏辙的《和孔武仲济南四咏·槛泉亭》，元代赵孟頫的《趵突泉》。这些诗词创作都以简练的语言描写了泉水的景观特征。因为其文学载体为诗歌，在对景观进行客观描写时融入了相当的主观色彩，情感与景观融合最为深刻。（3）泉水游记：以泉水为主题的游记，例如“七十二泉记”。同样具有一定程度的诗化特征。（4）相关园林与景观的建设记：例如宋代曾巩的《齐州二堂记》，记述了其在趵突泉边主持修造泺源堂、历山堂时济南的自然环境与社会环境。

综上所述，从文学角度而言，古代研究史在体裁上以两种形式为主：其一是以志书（其具备一定的文学性）为代表，主要对泉名、泉址的客观记述，兼有对发展史的研究与讨论；其二是以文人诗歌、游记等为代表的，相较志书更为主观的文学作品。修辞上继承了中国古代文学所崇尚的对称、押韵等方式，具有韵律美；内容上以直接的景物描写为主，神话与民间故事联想、引述等为辅，借此记录游览泉水的所见所闻，抒发个人感情，追求情景交融。对于更多文学作品的具体分析将在后文中进行详细论述，以总结“四大泉群”的园林与景观的文化特性。

就古代研究史中记载的与泉水园林景观相关的内容而言，关于“四大泉群”的园林与景观的古代研究始于魏晋（郦道元记述了趵突泉作为自然景观的特征），成于宋（开始出现大量以泉水为核心的文学创作，和较成规模的官方建置），集中于明清两代（园林景观建置的类型与数量均达到高峰），均与城市的发展阶段相协调。在古代研究史中，明、清之前，更为集中于记述泉水状态、地理位置、名称来源，以及周边自然景物等天然特征更为明显的客观实在，而少于园林与景观等人为建设的记载与研究。明、清时期既是古典园林发展的繁荣阶段，也属于封建社会末期。因此也展现了封建社会发展中，私有化程度不断加深的社会结构特征。例如文学创作中，出现了以公共性质的风景名胜区为主题的文学作品数量相对减少，以私有性质的园林为主题的文学作品数量相对增多的现象。

就古代研究史所展现出的园林景观建设的主导者与主导群体层面而言，以文人占据主导地位的古代研究史的发展，与园林与景观的建设历程（始于魏晋，繁盛于明、清）也是相符合的。这证明了文学创作作为古代传播介质的重要作用，与对园林与景观建设的影响。具体表现为前期的文学作品，不断被应和、仿写，并频繁出现于其后园林与景观具体建置时放置的石刻，修建的建筑的匾额与楹联中。这与文人群体在古代社会中的主导作用息息相关，他们既是社会文化的创作者、传播者，也是参与园林与景观建设的地方官员（例如曾巩等）或私家园主，有时两者兼而有之。更毋论创作者中，还包含深受古代文人文化影响，并以实际行动践行文学创作的国家最高统治者，如康熙、乾隆。可以说，中国古代文人兼备了“四大泉群”园林与景观的发现者、建设者、传播者、研究者的四重身份，又在不同时期、不同角色之间发生转换。这促成了“四大泉群”园林与景观的物质与文化相互影响，难以分割的深刻关联，也是本研究的必要所在。

第四节 一体多面：现代多元学科视野中的“四大泉群”及其园林与景观

在叙述现代研究史之前，需要明确其时代背景和研究主体。首先，当前研究者对园林与景观的认知存在多重面向，涵盖范围广泛，包括农学、林学、工学、设计学、艺术学等多个大类。现代社会中对中国园林与景观进行研究的机构的主体仍是高等学校。我国诸多高等学校根据自身所处地域之特征，基于不同学科的建设基础与发展预期，在本校其他相关优势学科支持的基础上分设了不同的相关学院、专业，并设定相应的教学目标，制定教学计划。虽然相关设置较为复杂，造成了一定程度的混乱，但灵活且不断探索的边界，也对园林与景观的全面研究作出了一定贡献，促成了多学科的融合。其次，在维护中国古典园林的历史积累，维护其脉络之延续，与引入现代景观设计之间，出现了一定的争论。虽然主要分歧存在于“中国古典园林”与“现代景观设计”两个主体概念之间，但还包含了对其背后的东、西方文化以及其中人与自然的关系，古代经验与现代科学之间的平衡与融合等议题的复杂讨论。基于以上情况，对济南市“四大泉群”园林与景观特性的现代研究，具体可以分为四个主要方面：（1）古代园林角度的研究；（2）近代园林角度的研究；（3）现代景观设计学角度的景观研究；（4）城市规划学角度的景观研究。因为缺乏对“四大泉群”的直接研究，所有相关研究都包含在济南泉水及其园林景观研究的范围之内。相关研究包含了专著与论文。其中的专著包含泉水的资料集合与相关文化研究。资料集主要是各相关单位（例如济南市史志办公室）编纂成书而后出版，重点在于相关建成环境与文化资料的集合、考证，缺乏进一步的深入研究，无法对适应未来多方参与、多种模式经营的园林景观建设与相关实践提出直接的指导意见。相关论文则以园林与景观建设、旅游资源开发、世界文化遗产申请等具体目的为导向，以地理成因、历史发展、生态价值、文化景观等为主题进行了详细研究，目标更为明确。因此对现代研究史的讨论以论文为主，包括期刊论文、学位论文、会议论文。

在诸多研究中最为全面，兼顾古代园林研究、近代园林研究、古代与近代园林比较研究，并且涉及现代景观设计学角度的景观研究，是宋凤（2010）的博士学位论文《济南城市名园历史渊源与特色研究》。此论文详细论述了济南城市名园的发展历程，以中国古典园林为主要参照，对济南市的园林与景观建设现状进行了详细梳理，同时兼顾了现代公园建设中的景观特征分析（例如环城公园黑虎泉段）。文章首先以时间为轴线，论述了古代园林、近代园林及当代城市园林的沿革与现状；其次是关于古典园林历史遗存的继承情况，社会文化与名园文化特色的研究；再次是以中国古典园林体系的现有框架分论了园林特征，包括空间布局，山（石）水关系处理，建筑、植物特征等；最后是针对当下存在的问题而提出的建议。该研究的优势在于资料齐全，在充分参考史料的基础上进行了大量现状梳理，也提出了部分具有实践价值的改良措施。其研究的不足主要表现在两个方面：一方面过分依赖现有的中国古典园林体系框架，评价标准较为单一。因此未能将济南园林以泉水为核心的特色进行充分展现，研究视角缺乏创新。另一方面，在以物质研究为核心的基础上，意图兼顾文化。但文化认知流于表面，对历史上大量的文学创作理解较为浅显，对其与园林景观建设之间的相互补充关系缺乏深度认知。

在对济南园林的众多研究中，除了单独以古代与近代园林两个阶段为划分依据的研究之外，也有兼顾古代与近代园林，甚至包含现代园林，并且特别突出了泉水这一济南园林主题的研究。司春杨（2009）在《园林理水的地韵之美——济南泉水主题园林的特色研究》中，在梳理从古代到现代的济南园林发展时，强调了泉水的核心作用，并且总结了济南现有园林的总体特色，最后提出了保护建议，与其对现代景观设计的启示。其中涉及了古典园林与现代景观中对水景的处理原则的分析与比较，视角上具有创新性。但其缺陷在于缺少对具体泉水情况的关注，与泉水之间的横向比较、分析，停留于对总体概况的理论探讨层面。

以上两篇论文涉及角度较为广泛，因此进行了单独论述。以下论文则更侧重于从某一历史断代、某一体系框架出发进行研究。

（1）古代园林角度的研究。这类基本分为两个部分，一部分是关于济南市古代园林建设的历史沿革研究；另一部分是以中国古典园林体系为标准的济南市园林现状研究。其中具备较强研究价值的直接论述的论文为3篇，间接论述的论文为2篇。陆敏（1998）在《古代济南的园林建设》一文中，基于中国古代历史典籍梳理了各个时期的园林建设情况，并在其中分论了风景名胜区、寺观园林、私家园林的发展情况，总结了古代济南园林的特色，最后基于自身专业（地理学），分析了地理条件对于济南园林发展的影响。总体兼顾了对园林相关文学积累的研究，与对其中所述历史的考据。并且引入了地理学角度的影响因素分析，具备一定的现代景观设计学视角。齐廉允等（2012）在《济南传统园林的地域特色及其现代价值分析》一文中，基于地理位置与地域文化背景，论述了济南古代园林及其遗存的特征，对整座城市园林化的影响，及其与南北园林的风格比较。其中特别强调了文人与文学作品对济南古代园林的影响。在此基础上又提出了现代启示与详细建议。张华松（2013）在《古代济南泉水景观园林的发展》一文中，以时间为轴线，以诗为线索，梳理了古代济南泉水园林景观随地理变迁、城市格局的发展而产生的变化。其论文更偏向于文学研究，缺乏数据收集与整理等带来的更为直观、理性地总结与分析。除以上数篇对济南古代园林进行整体研究的论文外，还有其他论文将中国古典文化与济南古代园林相结合，侧重于文化研究。阴慧文（2015）在《儒家思想对济南泉景园林的影响初探》一文中论述了泉景园林特征与形成脉络，以地面铺装为线索，提及其契合了中国古典园林与景观的典型意象——“清泉石上流”，而建筑格局方面则契合了儒家“中正”思想。其研究角度具备一定创新性，但缺乏详细论述，依据与结论之间未形成严谨的因果关系，全面性不足。李成等（2016）在《论齐鲁园林中蕴含的隐逸情怀》一文中提出了济南万竹园、德藩王府花园中景物运用所表达的"君子比德"（以景物的特征比喻文人自身的高尚品格）思想。结合古代社会的思想文化背景，对济南古代园林的研究由景物（主要是植物）透视到了其背后所蕴含的思想价值。在研究视角上具有创新性，展示了"四大泉群"园林与景观建设中的部分文化特性，对于相关研究具有一定的启发意义。

（2）近代园林角度的研究。由于我国近代史时间跨度较短，建设积累相对古代园林而言较少，因此相关研究较少，代表性论文有2篇。宋凤等（2009）在《济南近代私家园林营建特征及影响因素》一文中论述了济南进入近现代，即"半封建半殖民地"社会时期，域内私家园林的建设情况，论述了近代私家园林的营建类型、地址选择及风格等特性，探讨了现象背后的影响因素，强调了西方文化、商业文化所带来的不同程度的影响，与这些影响所衍生出的城市特征，和与前期古代城市和园林建设相比较所产生的变化。论述较为全面，填补了研究空白。王妍（2013）在《济南近代园林初探》一文中将"近代"分为四个时间节点，划分为由萌芽期到衰败期五个不同阶段，社会背景论述更为翔实。其中相关研究所涵盖的园林类型也有所突破，分为七种类型并进行了全面论述，且针对不同类型进行了详细举例。但其侧重于历史研究而非设计研究，对当今实践而言参考价值有限。

（3）基于现代景观设计学角度的景观研究，代表性论文有4篇。王向荣等（2008）在《"泉城"的水岸复兴——济南大明湖及护城河沿岸景观规划》一文中对大明湖、护城河及建设于20世纪80年代的环城公园存在的缺陷进行了分析，尤其针对"黑虎泉泉群"所处的环城公园存在的问题提出了具体改善方案。强调了泉水资源本身存在的生态作用及其对于城市的价值，对于具体实践提出了系统化建议。温莹蕾（2010）在《浅谈水体景观的设计——以泉城济南为例》一文中提出了以泉为核心的"点"，以护城河为"线"，以"大明湖"为"面"的"点、线、面"城市景观结构，提出了构建原则，对文化、生态等方面提出了要求，侧重更为广泛的城市规划学角度的思考。徐艳芳等（2011）在《济南地域文化与景观特色塑造的途径与方法》一文中，强调了地域文化对城市景观的影响，归纳为泉水文化、齐鲁文化、名士文化，并且结合现状提出了建议。所提建议集中于符号提炼与应用。庞博等（2014）在《古城遗韵——济南市明府城泉水现状及保护探究》一文中结合了中国工程院院士吴良镛提出的以泉水为核心的建设主张。她对济南明府城范围内的泉水资源进行了现状调查与评价，具体研究延伸至泉池、泉渠的保护，最后结合政府条例提出了具体的保护建议。这是真正意义上以泉为核心的研究，视角上具有一定的创新性。其缺陷在于涵盖范围较小，仅包含明府城内的"珍珠泉泉群"的部分泉。因采样范围较小，缺乏横向比较，研究深度有所不足，未能充分总结济南泉水园林与景观的特征。

（4）基于城市规划学角度的景观研究。代表性论文有2篇。其研究更为侧重于城市规划中的景观划分与改善。张建华等（2007）在《泉城济南泉水聚落空间环境与景观的层次类型研究》一文中介绍了济南泉水聚落的历史沿革与空间结构特征。以泉群为单位，将空间分为城市、街巷、院落三个层次，并且对其景观特征进行了分析，结合了城市居民的行为与景观的相互影响。相关论述目标明确，内容详实，可作园林与景观研究的参考。刘刚（2014）在《济南生态基础设施景观格局及规划策略》一文中，以城市维度总结了济南“山、泉、湖、河、城”的基本景观格局。从生态基础设施的角度出发，梳理出水生态系统、绿地系统、自然保护与风景旅游系统、森林及草地生态系统、城市生态隔离区系统、农田保护系统，共六种景观格局，并对此提出了切实建议。其侧重于生态角度的研究，填补了前期的研究空白。

除了以上各主要角度的研究以外，以济南泉水及聚落为核心，以申请世界文化遗产为目标的文化景观研究，也是近年来相关研究的重要组成部分。虽然归属于城市规划学角度，但其研究范围与内容在客观上跨越了各学科之间的壁垒，为济南市泉水园林与景观研究提供了现代景观综合评价下更为理性的研究视角。这一类型的论文共3篇。例如，张杰等（2017）在《文化景观视角下对济南泉城文化遗产的再认识》一文中，根据世界文化遗产申请的规则，对泉水相关地理条件，相应的城市格局与建筑特征，更为细致的包括泉水园林与民居院落，以及以泉为核心的文化构建进行了全面分析。由于打破了学科壁垒，形成的“济南古城冷泉利用系统”理论成果适用于各学科参考，便于进行更为详细的研究。娄吉昊等（2017）在《遗产观指导下的城市特色挖掘和空间管控——以济南泉城文化景观保护为例》一文中同样进行了世界文化遗产申请背景下的文化景观角度的研究，但论述较为浅显。郭兆霞（2018）在《济南名泉文化景观的活态保护与发展》一文中从“生态”“动态”“活态”三个角度出发，也作出了同张杰等相似的论述，但并未有明显的创新。

以上多个研究角度及其成果，基本反映了“四大泉群”及其周边园林与景观的研究现状。其中，基于“四大泉群”及其周边相关古代园林景观建设的长期积累与广泛影响，在各角度研究中被提及最多。但由于遗存有限且缺乏整体规划等因素，相较于历史上已有的大量园林与景观实践而言，研究成果在类型及数量上仍然有限，且研究深度不足，引导未来实践的能力亦有不足。近代园林角度研究成果较少，究其缘由主要在于时间跨度较短，在东、西方文化融合的初期，实践相较古代较少，难于形成系统化的研究成果。现代景观设计参与相关建设的历史，虽然与古代园林建设历史相比较短，且相关研究总量少于古代园林，但有赖于其近年来积极介入高速发展的城市化建设，带来了较多的实践积累，形成了服务新兴领域而逐渐系统化的经验，得到了相对短期发展时间而言较为丰富的理论与实践成果。城市规划学角度的景观研究，前期对于聚落关系关注较多。如今有赖于“生态尺度”“文化尺度”等前沿概念的介入，与逐步拓宽的多学科协作，研究前景较好。综上所述，对济南园林与景观的现代研究呈现出了两个趋势。一是各学科都在尝试跨越学科壁垒，进行更为全面的研究。表现最为明显的如早期的地理学和后期的生态学观念的介入，与后期文化景观研究的开展。二是随着研究的深入，泉水资源在济南市园林和景观建设与研究的核心地位，逐步得到了明确与重视。如今风景园林学科视角下的研究，应当集合各学科的研究成果，扩展学科内涵，充分发挥济南区域内具有丰富的泉水资源这一特点及其独特优势。对济南市，特别是社会历史文化积累最为深厚、各类资源相对富集的“四大泉群”及其周边的园林与景观的特性进行研究，以期指导未来实践，也可以进一步为济南市其他区域的泉水资源开发提供参考。

第二章
“泉”在中西文化中的源流及其园林景观建设

“四大泉群”及其周边园林景观建置，虽在近现代受到西方舶来的现代景观设计的影响，但主体仍与中国古典园林息息相关，并受到中国古典文化的深刻影响。因此应当首先解析中国古典文化与中国古典园林中的“泉”；而后才是西方古典文化与园林，及其衍生与主导的现代景观视角中的“泉”。

中国古典文化在数千年的流传中形成了完整的文化体系，不仅内涵丰富，且外在表现形式多样。其中的文人文化在漫长的发展中，不断汲取了儒、道、释等文化营养，形成了中国古典文化的重要核心。文人文化所创造的文学、艺术及其所表达的内容，在本质上是中国古代文人认识世界、开拓世界的经验总结。这些经验总结借由文学、艺术等介质，又在一定程度上影响了之后人们对世界的再认识和再开拓。如前文所述，中国古典园林作为中国古典文化的一个具体表现形式，也受到了文人文化的影响，尤其表现在审美方面。但是，园林是一个相对复杂的“系统工程”，在物质上要求委托人具有一定的经济水平，购买土地，雇请掌握造园手法的文人（在中国古典园林建设中的角色相当于设计师），建筑或叠石等职业工匠；技术上涉及建筑的营造、假山的堆叠、植物的栽培等，需要大量的职业工匠组建专业的工程技术团队。在生产力低下，政治、治安等状况相对动荡的古代社会，想同时达成以上条件则更加困难。虽然早在秦、汉时期，作为最高统治者的皇帝便具有了相当的能力以达成这些条件，但就其对于园林建设的目的和追求而言，本质上是对神话传说的向往（如“三仙山”：“蓬莱”“方丈”“瀛洲”），对皇权威严的烘托（如“昆明池”，为攻打位于今云南省的古代国家而建，以训练水军），以及对自身实际物质需求的满足（如“上林苑”主要饲养牲畜，种植蔬果，为皇宫提供食物，兼作猎场）。但是，由于皇家园林对外界长期封闭，以及围绕等级而制定的“礼法制度”对民间建设的限制，使得长期占据中国古典园林审美主体的，仍然是处于皇帝和平民之间掌握文化方面话语权的文人。尤其是在中国古代中后期的“儒、释、道”思想大融合之后，文人不仅是皇家和平民百姓间的文化桥梁，更广泛参与、影响了宗教活动。文人思想对于各方面的渗透，使得整个中国古典文化体系所表现出的文人特征更加明显。

因此，在文人修缮风景名胜区、营建园林之前，首先应当是相对简单的“认识世界”阶段，即对优美的自然风景的发现，可被视为“第一阶段”。之后，是在充分认识自然风景之美的基础上，形成了人流汇集、声名在外的风景名胜区，进而出现了对自然风景的低成本改造，可被视为“第二阶段”。园林建设居于最后，包括公共属性的风景名胜区和私人属性的园林的建设。这是对自然风景中经典形象的肯定与模仿，甚至是再创造，是相对复杂的“开拓世界”阶段，可被视为“第三阶段”。处于城郊位置、自然风景较为优美的地区，由于城市自然扩张的影响，风景名胜区的建设与私人园林建设的顺序可能存在部分重叠，甚至倒置。此外由于战争等原因，私人园林被弃置而成为公共性质的园林，或风景名胜区被私人占有的情况也时有发生。这在“四大泉群”的古代园林建置中也有所体现，例如“趵突泉泉群”作为风景名胜区性质的公共园林建置，与以营造私人园林为主要目的的建置，互相交替，偶有重合。

基于中国古典园林数千年发展，与大量实践与理论遗存背后所蕴藏的丰富的文化因素，首先应当对中国古典文化中的“泉”的含义与源流进行研究；其次，是对在其影响下产生的中国古典园林中与“泉”有关的历史实践进行研究。

第一节　山水比德：中国古典文化中的“泉”

在第一阶段的“认识世界”过程中，文人在最初面对自然风景时力所能及的，首先便是基于现实物质世界的描绘和想象，例如给自然景物加以命名，和诗文、绘画的创作。文人以自身作为创作的主体，以便携的竹木、布帛、纸张等作为创作的媒介。之后的第二阶段，随着个人游览次数和共同游览人数的增加，群体范围的扩大，开始了诗文、绘画在石壁上的绘制与凿刻，或是整块岩石的雕刻。这一阶段，工匠、平民加入了原有的文人群体，进行分工协作从而共同成为创作的主体，以岩石等自然物为创作的媒介，内容依然是诗文、绘画，兼有用以简单交通、休憩的建筑，例如台阶、亭台等。最后是第三阶段，这一过程汇集了更大规模的群体参与，进行公共或私人属性的园林建设。甚至是集合所在地方“府”“县”之力，具备一定规模的风景名胜区建设（曾巩主政期间组织的济南泉水相关建设就存在这一特征）。内容上不止于在自然物（通常是岩石）上进行景名、诗文、绘画的刻写与种种形象的雕刻，还包括例如亭、台、楼、阁等复杂园林建筑的营造，建成之后又成为诗文绘画等传播的新媒介，吸引后来者的模仿与应和。创作主体进一步扩大，媒介和内容更加多样化。这一对自然风景进行探索的过程的总体规律和阶段性标志，是在规模逐步扩大的社会群体中达成共识，和相对应的具体实践的不断积累，形成一种普遍的文化符号。例如朱熹的诗文创作“九曲棹歌”，和后期历代文人的诗文应和对于“武夷九曲”形成的影响。此外，其间还有一些民间自发的祠堂、寺庙建筑的修造，迎合中国古代传统观念中“崇敬自然”（原始社会即有，是建立在想象之上的自然崇拜，是宗教的一种原始形态；后来为尊崇道教、佛教的文人所继承，成为宗教本土化的重要组成部分）的特点。佛、道的寺、观融入自然景观，防止世俗干扰，且利用自然景观的变幻莫测，强化自身的神秘感、神圣感。但是这一行为的目的基本上是服务于宗教的延续与传播。

以上种种对自然风景的开发，都与古典文化具有不可分割的联系。在此认知的基础上，在研究与泉水相关的中国古典园林的建设之前，应当首先对由文人所主导的中国古典文化中的自然风景观念进行研究。在主题上，中国自古以来便有以“山水”指代自然风景中万事万物的习惯。泉水也是自然界中“水”的具体表现形式之一。因此首先对作为自然风景被观察主体的“山水”进行研究。在形式与内容上，中国古代文学与中国古代绘画，是中国古典文化的两大载体，其中不断记载了文人对“山水”的探访与感悟。因此，本研究将首先对起源于魏晋南北朝时期“傲岸泉石”的文学理论进行分析；其次对起源于宋朝时期“林泉高致”的绘画理论进行分析。在“山水”所影响的文学、艺术创作中，这两个与泉水相关的中国古典文化意象都对后世影响深远，并具有相当的代表性。本研究将分析其文学理论、绘画理论中所传达出的古代文人看待“泉”时所抱持的视角，及其背后的思想内涵。

2.1.1　“傲岸泉石”

“傲岸泉石”一词最早出现在魏晋南北朝时期刘勰所著的《文心雕龙》中，《文心雕龙》也被广泛地认为是中国第一部系统的文学批评理论著作。“傲岸泉石”出自《文心雕龙・卷十・序志》。原文为：“生也有涯，无涯惟智。逐物实难，凭性良易。傲岸泉石，咀嚼文义。文果载心，余心有寄。”大概的意思为：人的生命总有尽头，知识（也可理解为智慧）则没有尽头（此处引用了《庄子・养生主》的语句：“吾生也有涯，而知也无涯。以有涯随无涯，殆已!”）。追逐事物（指满足个人的欲望，或指追求仕途）实在艰难，只有凭借天性去了解才是正确的，并且相对而言更加容易。像站在岸边观看流动的泉水拍打石头（可理解为纵情山水之间，远离世俗，作者当时隐居于定林寺中），去反复琢磨文章的含义。如果所写的文章真的承载了我的思想，那么我的余生就有了寄托。

一切思想都有其生成的社会背景。因此，在具体分析“傲岸泉石”前，首先要了解魏晋南北朝的社会状况，以及处于这一时期的文人对于世界、国家、自身抱有何种观感与相应的追求。魏晋南北朝继承了前面的秦、汉，启发了后面的隋、唐，是相对统一的古代中国历史中为数不多的长期动乱时期。这一时期中国形成了以长江为界限，南、北对峙的基本格局。南方汉族政权相对稳定，北方少数民族政权则更迭频繁，甚至出现了“五胡十六国”。这之前的文人，不仅受到汉武帝时期儒家走向政坛，董仲舒提出“罢黜百家，独尊儒术”，进而主导了具体的政治实践的影响；同时也受到了汉武帝之前，衍生于道家的“黄老学说”（黄帝与老子思想衍生出的一种学说）中主张“无为而治”（不对社会发展作出刻意的干预），休养社会的道家学说的影响。儒、道两者相比而言，儒家思想的世俗化特征更加明显，提倡建立礼法，鼓励个人融入世俗，向中央政权靠拢；道家思想则致力于“无为而治”，提倡远离世俗，鼓励个人亲近于自然万物，追求个人精神与肉体的自由。但是发展至魏晋南北朝时期，儒家所致力创建的

“大一统”和“中央集权”的基本政治格局消失。南方汉族政权面临来自北方少数民族政权的威胁，偏安江南地区一隅。这些都对儒家思想以及秉承这一思想进行政治、社会、个人实践的文人官员群体产生了巨大冲击。这一冲击表现在文人思想、政治实践、私人生活的各个方面，使文人群体迅速向“出世”的道家学说靠拢，形成了魏晋南北朝时期独有的“玄学”（以道家思想解释儒家经典）。世俗社会的动荡，使得文人群体对世俗世界的追求产生怀疑，并最终放弃了以儒家思想为指导的现实层面的努力，转而在自然风景中追求个人安逸与享乐。道家为此提供了思想指导和理论基础，南方相对北方稍显稳定的政治局面和自然风景中的秀丽山水为此提供了客观的物质条件。积极的方面在于，促使了个人思想意识的自由解放，为这一时期文学、艺术的大爆发提供了土壤（山水画在魏晋南北朝时期成为独立的绘画种类）。刘勰所提出的“傲岸泉石”，即从文学角度对当时社会在文学上追求华丽的文风、辞藻提出了反对，提倡重视内容的实用性，这可以被视为对文学乃至社会风气的一种反思。“傲岸泉石”就是在这样的社会背景中产生的。

魏晋南北朝时期，文人的“出世”和“隐逸”思想对社会整体产生了推动作用，最终形成了对自然风景进行大开发的风潮。在对自然风景的探求过程中，文人被“玄学”所带来的社会思潮强化后的个人意识，在探索自然风景的过程中，赋予了自然景物以前所未有丰富而细致的想象。这种想象类似于原始社会的“自然崇拜”——中国原始社会的“自然崇拜”与世界其他地区的类似，基本观念是自然界的万事万物都有灵性与智慧。但是因为空间上距离的拉近，从前对自然“敬而远之”（孔子提出对鬼神保持崇敬和一定的距离的主张）的观念所主导的，人与自然之间相对稳定，不对自然进行深入开发的局面，在一定程度上被打破了。其后，个人意识得到加强的文人雅士，在与理念上更为亲近的自然风景及其中景物的“对话”中，对自然风景的认知不断细化，其中的景物开始被赋予了极强的个人感情色彩，首当其冲的就是作为自然风景中主体的“山”和“水”。“傲然泉石”中的“泉”和“石”分别出自“水”和“山”，但又有所区别。首先，人们认为“泉”为“水”的源头，所以有“源泉”的说法（古人对水源不明的水体皆称为“泉”，例如称不见源流的瀑布为“飞泉”，称雨水、雪水为“天泉”）。其次，在长时间的经验积累中，泉水被古人认为是最为洁净的天然水源，甚至可以直接饮用。因此，“泉”被认为是高尚而纯洁的，可以代表文人的自身品格。又因为在所有自然形成的水体中，泉水的规模较小，所处位置较为隐蔽（通常为深山密林中）。这一特征可以代表文人所追求的，不亲近世俗，自由洒脱的“隐逸”思想；同时仍对自身思想影响世俗社会保持了一定的期待——因为处于“源头”（思想文化的创造者、传播者），而影响范围更为广阔的“水”（指世俗）的变化。“石”在“山”中也具有相似特征，既是“山”的组成部分，又相对地保持着独立的姿态。因此，文人在社会整体追求亲近自然万物的基础上，也将世俗社会视为“山”和“水”，而将自己比作“山”和“水”中的“石”和“泉”，出自“山”和“水”，为其代表而又有所不同。

这一观念在体现文人自身高尚纯洁的品质的同时，也表达了对“出世”和“隐逸”所带来的自身所处的位置，即相对客观视角的珍视以及对这一视角所带来的理性思考的珍视。这与居于“泉石”之前“傲岸”（指不流于世俗的高傲的品格）所表达的思想相吻合。除此之外，也有希望受人关注而影响尘世的矛盾心理。

除“傲岸泉石”的文学理论之外，处于同一时期的山水画家宗炳提出了“卧游”思想；“书圣”王羲之在与众多文人郊外宴饮时写就《兰亭集序》；陶渊明一系列表达“隐逸”思想的诗、赋，则是描写辞官后身处自然之中的田园生活。文人在文学艺术作品中以自然中的景物观照自我、品评人物，或以地方自然山水的优美隐喻所在之地人物的杰出，对历史上儒家提出的“君子比德”（以物品指代人的品格）思想进行了结合自然风景的开拓，其范围得以扩展，深度得以加强。此种文学、艺术作品的集中出现，说明了这一时期文人对自然风景进行积极探索的趋势，最终形成了“寄情山水，崇尚隐逸”的“魏晋风度”。在西方直至文艺复兴时期，对自然风景的重视才达到相似的程度。因此周维权认为这一时期基本奠定了中国古典园林向“自然式园林”发展的思想基础。“泉”也于此奠定了其在中国古典文化及自然风景认知中的崇高地位。

2.1.2 “林泉高致”

“林泉高致”最早出自北宋时期郭熙的《林泉高致》，为论述山水画的绘画理论著作。他的最大贡献在于提出了“三远”法，即“高远”“深远”“平远”，奠定了中国古代山水画的透视原则的基础。文内与“林泉高致”相关的原文为：“看山水亦有体，以林泉之心临之则价高，以骄侈之目临之则价低。”大概的意思为：人在看待自然山水时，也应明确自身所处的位置和应当抱持何种心态。以如同生长于自然中的树木、森林、泉水一般的心态，去体味自然风景中的山、水，则格局高尚；以过分骄傲的，带有主观色彩的目光去看待自然风景中的山、水，则格局低下。

与提出“傲岸泉石”的魏晋南北朝时期相类似的，“林泉高致”所处的宋代也是社会相对动荡的时期。但宋代也成了中国古代历史上，除魏晋南北朝以外，文学、艺术发展（形式上的创新与实践上的积累）的另一个高峰。宋朝分为北宋和南宋，北宋都城位于汴梁（今河南省开封市），南宋都城位于临安（今浙江省杭州市）。宋太祖赵匡胤由于掌握兵权而建立了北宋，因此防范武将，限制军权的政策贯穿了整个宋朝时期。文臣与武将相制约而达到平衡的传统政治格局被打破，文人的地位相应地得到了显著提升，并且主导了政治走向。文人地位的提升，成为文学、艺术大发展的一项重要条件。另一方面，武将地位低下，军权收归中央（避免唐末藩镇割据重演）所带来的负面影响也显而易见。从宋朝建国初期，在不同时期对于周边游牧、渔猎民族政权，诸如辽、西夏、金、蒙古国的战争中，宋朝军队长期处于防御地位。军事层面的接连失败，最终导致了北宋的灭亡。北宋所遗留的皇族、大臣南渡长江后建立南宋，直至被蒙古国灭亡。这导致文人兼备了两种情绪：一方面，以北宋前期为主，也是相对统一时期（传统中原王朝所涵盖的势力范围，仍在中央政权的控制之下）和战争前期。这一时期的文人斗志激昂，文学、艺术作品呈现出一定的雄伟气象。这一阶段持续时间较短，作品较少。另一方面，北宋后期及南宋时期，也是相对分裂时期和战争后期。这一时期的文人面对内忧外患，求变无果、情绪消极，进而渐渐安于江南地区的安逸生活。同时，在短暂安定中，江南地区的秀丽山水再次为人所关注，工商业经济的高度发展则提供了相对宽松的物质条件。因此，南宋时期的文学、艺术审美趋于“内向”的精致、平淡，并得到了长足发展，积累了较多作品。这一时期所创造的文学、艺术作品和总结出来的理论原则，甚至被认为达到了我国历史上审美水平的最高峰。

这一时期提出的“林泉高致”，在很大程度上继承了魏晋南北朝时期探索自然风景的传统。文人通过走访自然风景，以排遣世俗社会中所积累的消极情绪，寻求内心的安定与平静。前文中所论述的“傲岸泉石”正处于文人“隐逸”思想发展的萌芽阶段，表现尚不甚清晰。“隐逸”思想发展至宋朝，尤其是南宋，赋予自然风景中的景物以人格的特征，或以其比喻自身品格或寄托个人情感的趋势更为明确。这一趋势表现多样，涉及各种文学、艺术类型。例如花鸟画的高度繁荣，山水画中对于草、木的着重描绘，以及将个人情感寄托于自然景物，诗画结合的“文人画”。郭熙的《林泉高致》中，除了开篇作出了应当抱持“林泉之心”看待山水万物的主张之外，也有其他关于“泉”的论述。首先为开篇第二句中，对于君子喜爱“山水”的原因的阐述：“丘园养素，所常处也；泉石啸傲，所常乐也；渔樵隐逸，所常适也；猿鹤飞鸣，所常亲也。”其将君子在自然风景中的乐趣或益处归纳为四个方面：包括在风景名胜处和简单修造的园林中涵养自身质朴的天性；在山泉和山石之间大声呼喊，逍遥自在而感到快乐；打鱼、砍柴，隐居山林而觉得舒适；猿猴欢腾，鹤鸟飞翔而使人感到亲近。“泉石”与“丘园”“渔樵”“猿鹤”并列，成为自然风景中的“山水”（“泉石”），“园林”（“丘园”），“生活”（“渔樵”），“动物”（“猿鹤”）的代表。“泉石”代表了作为自然风景主体的“山水”，是对“傲岸泉石”的继承和发展。在后文中，“然则林泉之志，烟霞之侣，梦寐在焉，耳目断绝，令得妙手郁然出之，不下堂筵，坐穷泉壑……”对众多自然风景中的具体景物的向往，被浓缩成为“林泉之志”。可见“泉”在此处并非单纯代表自然风景中的水体，而是与“林”一起代表了自然风景中的万物。“坐穷泉壑”从意义上讲是指观看雇请高明的画家（“妙手”）描绘而成山水画，纵使坐在室内的竹席（“堂筵”）之上，也能看尽（“穷”）泉水奔流的幽深山谷（“泉壑”）。由此可见，泉水即使在包含万物的自然中，也是极为隐蔽难寻而珍贵的存在。由此为文人所珍视，并可作为其中精华，代表自然中的洁净水体，从而延伸为自然中的山山水水。

从“傲岸泉石”到“林泉高致”，除“泉”的重要地位没有变化以外，以“林”代替了“石”，与“泉”合并指代“山水”；并以“林泉”指代文人，进而与“山水”相对。“林”（植物）相对于更加恒久的“石”，因为受到自然灾害与四季变迁的影响，更能代表世俗社会变幻中飘摇的个人命运。这一变化表明了自然风景中的植物在文人眼中的地位得到了提升，关注重点不再集中于“山水”；同时表明了宋代文人对自然风景的关注维度，相比魏晋南北朝而言更加细致，感情寄托也更为丰富。这与同时期山水画、花鸟画的发展趋势不谋而合。例如在魏晋南北朝时期至宋代之间，隋、唐之后的五代时期，中国古代山水画出现了“皴法”。“皴法”就是利用水墨和笔触的变化，涂抹山水画中的山体，以形成在视觉上与自然相类似的内部肌理。在“皴法”出现之前，山水的描绘主要依靠线条描绘形体，被称为“空勾无皴”。这种技法的重点在于描绘外部轮廓，兼有用黑色的水墨或青绿色颜料对内部肌理进行晕染。可以理解为这一时期对山体、植物与云雾的理解认知较为模糊，保持了一定“距离”。而在“皴法”出现之后，山水的描绘开始从重点关注对山水外轮廓的形态描写，转向对树林、山石等景物细节所构成山体的肌理进行表达，相比较前期晕染更加贴近真实自然山体中所展示的观感。处于五代之后的宋代，文人采用“皴法”描绘山体肌理成为一种普遍现象，植物有时甚至超越山水成为画面中的主体。这一山水绘画的发展，直接证明了文人群体对于自然风景的观察与理解进一步加深；从侧面证明了魏晋南北朝“寄情山水”的文人传统在宋代得到了继承。由此可见，宋代文人对于自然风景的理解，相对于魏晋南北朝更加细致。

除了对“山水”中的“林泉”理解、描写更加细致之外，《林泉高致·山水训》中还对山、水之间的关系及其他相关自然景物，作出了基于整体辩证关系的论述：“山以水为血脉，以草木为毛发，以烟云为神采，故山得水而活，得草木而华，得烟云而秀媚。水以山为面，以亭榭为眉目，以鱼钓为精神，故水得山而媚，得亭榭而明快，得渔钓而旷落，此山水布置也。”大意为：水是山的血脉，草木是山的毛发，烟云的变化是山的神采。所以山因为有水而充满生机，草木在山上生长而使其繁盛，山因为烟雾云彩的缠绕而清秀美丽。水把山当作颜面，把亭榭等观景建筑当作眼睛和眉毛，因为有渔舟垂钓而饱含精神。所以水因为山而显得秀美，因为有了亭榭等建筑而显得明朗，因为有了渔舟垂钓而显得宽广。这是对山水画中“山”“水”及具体景物的搭配规则的论述。虽然是对绘画理论的分析，但一定程度上说明此时的中国古代文人对于自然风景的理解达到了极高的水平。具体表现为两个方面：一方面，由于个人情感的介入，“山水”在表达上出现了一种拟人化的特征；另一方面，在进行诗歌化或艺术化处理时，进行了有选择的取舍，甚至开始略微显露出了程式化的趋向。考虑到文人画家在之后中国古典园林建设发展中起到了“设计师”的角色，并且以山、水为主体所构成的自然风景又是园林所模仿的对象，因此，这一时期的山水画理论对其后的园林建设影响深远。

综上所述，“泉”在中国古典文化中的含义，拥有物质与精神两个层面。物质方面，“泉”在古人的认知中，无论魏晋南北朝时期还是宋代，“泉”都与“石”或“林”相互依存，它们在一定程度上代表了自然山水，进而也代表了自然万物所构成的风景；其次，“泉”被认为是自然风景中一切水体的源头，至珍至纯，影响了其他的水体；最后，“泉”所处的位置和环境深远僻静，难以寻找而更显珍贵。精神方面，“泉”因为其展现出的物质方面的特性，而被文人作为自比或比喻他人的对象，代表高尚、纯洁的品格，被赋予了如同人一样的性格而具有了生命力；并且由于“泉”处于深山密林中，进一步地表达出古代文人不与世俗同流合污，甘心于隐藏在自然山水之中的“隐逸”情怀；“泉”在更为广泛的山与水的关系中，还保持着一切水体与山体的依存关系相同的，由山体的变化而产生相对应的水体的变化，代表了个人与世俗社会之间的不可分割的命运联系。综上所述，“泉”既是自然风景中为文人所喜爱并追寻的一种经典形象，同时也是文人寄托自身情感的客体——“泉”由此成为众多文人在自然风景中刻意探求和在园林建设中着重引用或“模仿”的对象。由此可见，以“四大泉群”为代表的济南泉水与人“亲近”，“身处”世俗之中，流转于王宫官署与寻常巷陌，供养普通百姓的生产生活所需，与中国古典文化中“泉”的经典意象存在较大差异。因此注定了相关园林景观建设，及其所展现出的物质与文化特性亦有所区别，不应完全受到由南北其他园林所主导的中国古典园林体例之限。

第二节　掇山理水：中国古典园林中的“泉”

如前文所述，文人依照自然风景进行景名、诗文、绘画创作是“第一阶段”；文人与工匠合作进行的对自然风景的初级改造，是“第二阶段”；之后，就是进行目的明确且呈现较大规模的园林建设的“第三阶段”。其中包括私人性质的园林建设，或是公共性质的园林建设，或是较大规模的风景名胜区建设。除济南市“四大泉群”中围绕泉水所产生的丰富古典园林实践外，中国古典园林中还有大量与泉水相关的实践。因为出于同一文化背景，因此对于济南市“四大泉群”中的园林与景观的特性研究而言，具有极高的参考价值。因此，以前文中分析得出的中国古典文化中“泉”的物质与文化含义为基础，以下将对中国古代各个时期与泉水有关的园林进行梳理，并结合“泉”的物质与文化含义进行分析（见附表 2）。

从附表 2 中列表可以看出，中国古典园林中与泉水有关的园林实践，基本包含五种园林的类型：私家园林、皇家园林、寺观园林、祠庙园林、公共园林。其中与泉水相关的园林建设中，最为凸显的是私家园林的建设。由表可见，私家园林（见于记载的）在形成初期，便是文人追求“隐逸”情怀在园林实践方面的一种具体表达。在唐代，部分私家园林在园林建设初期选择了具有天然泉水资源的基址，在此基础上并无明显的人工施加园林建设内容的记载，包括围绕泉水所进行的相关装饰及建筑等，而是保持了泉水原始的自然形态。宋代保持了这种克制，例如“董氏西园”中以人工在泉水周边种植了荷花，对天然泉水稍加“装饰”；叶梦得在介绍“叶氏石林”时则重点介绍了东、西两侧的泉水及其形成的天然水系，以及与泉水相关的生活细节，未曾加以过多人工干涉，且有浓厚的生活气息。这与天然泉水难得、开发程度有限、文人初期的“隐逸”情怀表达较为朴素，以及园林整体规划方面对泉水资源的重视程度不足等因素有关，也与当时的水、石处理技法，相对于中国古典园林中后期而言水平仍然较低有关。可见这一时期文人对天然泉水在内的自然风景的开发，仍停留在相对初级的阶段。但是这一状况，在以文人审美为导向的私家园林发展成熟之后被打破，并且逐渐趋于内向、精致。私家园林发展至明代，开始集中于经济富庶且政治安定的江南地区。这时“掇山理水”技法趋于成熟，天然泉水与周边装饰、建筑的互动得以增加；所形成的自然或人工水系也成了园林中的重要点缀，在缺乏天然泉水资源的基址中成为天然泉水的“补充”。例如“休园”中围绕泉水模仿自然，从而造就了形式丰富的水体，重现了江南水乡的趣味；“拙政园”（明代“拙政园”，与现今“拙政园”建设有所不同）中甚至在“玉泉”旁建置了“嘉实亭”，有模仿、缩小自然山水之意；“寄畅园”则直接引入了相邻的“惠山泉”（“天下第二泉”）泉水，被王穉登在《寄畅园记》中评价其为寄畅园建设中最成功的一项。这与明代园林建设相关理论著作的集中出现，在时间上是相符合的。发展至清代，园林建设更为隐晦、精致，例如“网师园”中的“涵碧泉”处于园中一隅，且较为幽深，对整体园林建设的影响较小。

历史记载中与泉水相关的皇家园林的建设，数量仅次于私家园林，但规模更加宏大。除唐代的华清宫外，皇家园林中与泉水有关的园林建设，基本集中于北京及周边地区，且与北京城市建设中的供水系统建设息息相关。北京地区的皇家园林建设萌芽于辽、金时期，初期依托于玉泉山、香山已有的寺观园林，建设内容方面体现了早期园林对天然泉水资源及其景观不做过多修饰的特征。元代，随着北京城市供水、漕运需求增加，开始正式开发城西北郊玉泉山泉水、昌平神山白浮泉水，对北京城市的湖泊、河道进行补给。明代，北京城市周边园林建设依然不甚完善，城市周边泉水在园林建设角度没有“积极参与”，形成规模。清代初期，清代皇家园林基本继承、统筹了明代遗留的皇家园林及私家园林遗存，并且在其基础之上加以修缮，但是所形成的新的园林建设规模有限。清代中后期开始了大规模的皇家园林建设，此时的皇家园林建设不再满足于前期对单一或小规模集群的泉水资源及其景观的开发，而是着手对“玉泉山水系”“万泉庄水系”两个泉、水（包括湖泊、河流）资源与景观富集的水系进行总体开发，从而形成了规模宏大的皇家园林集群（周维权《中国古典园林史》），体现出了中国古代封建王朝发展至顶峰时期皇家园林特有的宏大视野；另一方面也与作为统治者的，出身于渔猎文明的满族政权，先天对自然风景的理解更为广阔、深刻有关。这与南方私家园林逐渐精微细密，泉水的地位、形象一再抽象、萎缩的现象相比，存在一定差异，但在区域统筹的宏大叙事中，泉水的形象、地位同样为人工建设的成就所消解。

与泉水相关的寺观园林（受佛道等宗教影响主导），祠庙园林（受地方民间信仰主导），因为距离城市较远，并且在人工施加园林建设的理念上相对保守，因而对自然风景本身的状况依赖更深。因此其中的天然泉水资源及其景观的利用情况，可以简单地分为两种类型：其一，以佛寺、道观为代表的，将园内或由园外引入的泉水作为生活用水，或是利用地形落差以塑造声景，或以泉水补给寺观中的水景，如“放生池”等。以上方式并不直接服务于宗教传播，而是展现出一定的文人园林中的水景处理手法特征。其二，以“晋祠”为代表的祠庙园林，将天然作为“晋水”（河流）水源的“难老泉”等泉水直接与园林总体布局、建设相结合，形成丰富的人工园林建设（建设的起因与内容，与趵突泉高度相似），凭借古代时期无法判断天然泉水的来源而形成的神秘色彩，以烘托祠庙气氛。

综上所述，私家园林在发展初期，也是自然风景的大开发时期，园林在选址方面对天然泉水资源及其景观展现出了一定的偏好，文人尤甚，但开发、建置较为克制；中后期政治稳定、经济发展、城市化程度加深，市民阶层扩大，世俗趣味增加，造成了自然风景开发减少，天然泉水难得。在开发、建置方面，泉水作为模仿对象，与模仿自然的成熟水石处理技法融为一体。虽然偶有佳作，但显露出程式化倾向，未形成进一步突破。皇家园林早期规模较小，依托天然泉水资源与景观较多，受到文人审美影响，也存在一定的模仿现象。发展至中后期，以清代皇家园林为代表，对泉水资源与景观的开发规模逐渐扩大，超出了泉水本身的范畴，同时其园林内部出现了大量围绕文人审美或直接模仿江南地区文人园林进行的园林创作。为此与泉水相关的皇家园林建设呈现出两个方面的特征：宏观方面，由于整体园林建设规模较为宏大，对于天然泉水的开发维度相应扩展，致力于将天然泉水开拓成为河、湖等大型水体。因此较其规模巨大的体量而言，与泉水相关的园林建设相对较少，没有将泉水作为园林建设的核心；微观方面，出于对私家园林、江南文人园林的模仿，与泉水有关的园林建设中的一部分，展现出较为精致的特点，泉水的形象更加抽象，疏离自然。寺观园林、祠庙园林、公共园林与文人文化存在不同程度的融合，甚至为其审美所主导。此外出于躲避世俗的需要，其在建立初期便致力于将基址选择在风景秀美的较偏远地区，呈现出追求自然风景的倾向。在对天然泉水资源与景观的利用方面，较之被文人的审美观念所主导的私家园林而言，并无更多创新。由此可见，文人文化背景下形成的审美观念，在中国古典园林中占据了主导地位。基于以上分析，以下对文人的审美观念体现最为明显，与泉水相关的具体“理水”技法，和以泉水为核心的经典案例，分别进行举例分析。

2.2.1 “坐雨观泉”

作为以自然风景为审美指导和模仿对象的中国古典园林，在认知初期便将体量最为显著的“山”“水”作为自然风景的主体，而用以指代自然万物。因此对自然风景中的“山”“水”关系最为重视。在度过了前期对自然山水从模糊到具象的认知转变之后，随着作为园林创作主体的文人（承担设计师角色）、工匠（掌握工程技术）等职业的成熟，园林中用以模仿自然山水的水、石关系处理技法，也相对应地成熟起来。园林技法中水、石关系处理的成熟，表现之一便是明代末期计成《园冶》的园林理论著作的出现。《园冶》中将以石块堆叠成各种形状称为“掇山”，并将水、石关系处理一起置于“掇山”部分中，可见水、石相互依存的关系在园林建设中已经成为一种共识。因此中国古典园林研究中常将“掇山”与“理水”并置，称为“掇山理水”。“坐雨观泉”一词便出自《园冶·掇山·瀑布》。

“坐雨观泉”中的“泉”，指的并非自然风景中的天然泉水，而是指代雨水。被称为“泉”，也许与其同为来历不明的水源，并且汇聚之后可以形成相似的视觉景观和声音景观有关。在计成《园冶》前，文震亨的《长物志》便已出现将雨水称为“泉”的说法（传《长物志》成书于1621年，《园冶》成书于1635年）。在《长物志·卷三·水石》中，文震亨将雨水称为“天泉”，并以季节区分雨水优、劣，用于煮茶。在同一章节中，也记述有将“天泉”引入园林形成瀑布的“理水”技法——根据所需将竹子劈砍成长短不一的竹片，放置在房檐雨水滑落的位置，将竹片相连后藏在石头的缝隙中。在竹片的尽头将石头堆叠放置成假山，假山上面开凿小型水池用以汇聚雨水，下面放置“石林”，下雨时便可让雨水即“飞泉”形成如天然瀑布一样的视觉景观与声音景观。文震亨还提到可以从山顶小池蓄积水，客人来时打开闸门，释放储存好的水而形成景观的方法。

在《长物志》后出现的《园冶》中，也出现了将雨水称为“泉”的说法。在《园冶·掇山·瀑布》中，瀑布的建置方法如同书中前文提到的，依墙壁而堆叠的“峭壁山”一样。首先要看园林中是否存在高起的建筑及屋檐，便于在下雨时承接雨水作为水源，然后在高处构筑沟渠将雨水引至墙顶，再将雨水从墙顶引至依附于墙壁堆叠而成的“峭壁山”山顶，将水注入山顶储蓄水源的小池，在小池边缘一侧开凿出口。下雨时，雨水满溢后从出口顺流而下，便形成了瀑布。否则雨水随意流淌，则不能形成瀑布一样的景观。这就是“坐雨观泉”的含义。

《长物志》与《园冶》创作时间相近，两者都对如何在园林建设中依托建筑收集雨水，以雨水为水源，以叠石而组成的假山作为媒介，相互配合从而模仿自然风景中的瀑布进行了论述。虽然文震亨在《长物志》中的论述更加详细，但两者对于园林中瀑布的做法理解基本一致。首先水的来源都为“雨水”；其次利用建筑物屋顶或墙顶屋檐承接雨水；再次在假山顶开凿小型石池储存雨水，并在一侧开凿出水口；最后利用高度差异形成自然落水，构成模仿自然风景中瀑布的水体景观。两者方法相似，并不排除互有借鉴的可能。但这一定程度上说明了在园林建设中模仿自然风景中的瀑布，已经成为一种常规的园林设计方法，并且总结出了类似的实践经验。同时侧面证明了中国古典园林发展至明代，“掇山理水”技法已经相对成熟。文震亨最后强调了平时在池中蓄水，有客人游览时开闸放水形成瀑布景观也是可行的，但以更多的人工刻意而为，远不如雨水更加自然。计成也在“掇山”文后强调了“野致”（自然的情趣）对于园林建设的重要性。由此可以看出，文人作为主导园林审美的创作主体，将园林视为处于世俗社会中的个体追求自然风景的一种折中方式，也体现了文人将自然风景视为园林建设的最高美学来源的基本原则。“坐雨观泉”也成了水石互动，天、地、人感应（视觉与听觉）下，一种要素齐全且高度抽象的经典意象。“泉”也在这一人造景观中凝练了以自然为核心的审美价值取向，与其在中国古典文化中同“林”“石”共同指代自然万物是相契合的。

2.2.2 “西湖冷泉”

“西湖冷泉”作为一处历史悠久的风景名胜，位于杭州西湖西北侧的灵隐山中。其中作为自然风景核心的天然泉水位于灵隐寺西南处，泉水流至灵隐寺前形成水池。相传因为附近曾有“暖泉”，所以因相对而言较低的水温而称其为“冷泉”。泉水顺着山势向下流淌，形成溪水，最终流入西湖，成为西湖最大的天然水源。唐代中期，冷泉池上修建了“冷泉亭”，作为观赏周边风景的最佳位置而备受推崇。从唐代起，历代文人围绕“冷泉”创作了众多文学作品。“西湖冷泉”不仅对西湖风景名胜区的形成起到了重要作用，并且作为一处经典的风景名胜，也对中国古典园林发展产生了重要影响。

唐代作为“西湖冷泉”形成的重要时期，其形成过程可以看到魏晋南北朝时期古代社会对自然风景的第一次探索高潮的影响。作为“西湖冷泉”形成的重要节点，“冷泉亭”修造于唐代中期，但是修建时间更早的是处于旁边的“灵隐寺”。“灵隐寺”建于东晋咸和元年（即公元 326 年，魏晋南北朝时期），是印度僧人慧理为传教所建。因为周边自然风景优美，以为是神灵所隐居的地方，因此建立寺院，取名为“灵隐”。此后“西湖冷泉”在唐代、宋代的两次集中发展，都与文人探访寺院有关。其中包括对西湖风景名胜区建设起到重要作用的白居易（西湖为纪念他将“沙堤”改称为“白堤”）、苏轼（于西湖建“苏堤”）。由此可见，自然风景对寺院选址，进而形成自然与人文相融合的经典风景名胜，起到了决定性影响。

在历代文人对“西湖冷泉”的欣赏中，最初的动机是借此躲避夏天的高温。利用天然泉水及周边山林带来的较低的温度消解夏天的炎热。唐代文人白居易写作文章《冷泉亭记》，其中评判了“西湖冷泉”的风景，称他“爱其泉渟渟，风泠泠”。表达了游览时近前泉水缓缓流动，风清凉舒适的愉悦感受。唐代白居易题写“冷泉”，宋代苏轼在后面添加了“亭”字。因此形成了历代文人前往探访并写作诗文的潮流，主题上大多集中于赞美风景和怀念古人。在“西湖冷泉”中“冷泉”的核心地位被确立之后，围绕周围的自然风景都受到了一定重视。不远处的“飞来峰”因其石壁颜色奇特，叠加攀附其上的植物因季节变化而衍生出的色彩变化，使之成为一处重要的风景构成要素。除了对自然山水及植物的欣赏之外，还有对动物的欣赏。飞来峰周边常有人听见猿猴啸叫，不禁使人联想到李白的“两岸猿声啼不住，轻舟已过万重山”。因此，“冷泉猿啸”与冷泉山水一起被评定为杭州“钱塘十景”之一。在自然风景为主导的景观之外，还有人工建设而产生的景观，例如“冷泉放闸”。宋代建成水闸，每逢大雨之后溪水暴涨需要排泄洪水时，便形成了如同“雪山”“霹雳”一般的视觉景观和声音景观。

除了围绕天然泉水“冷泉”所产生的，丰富且不断扩张的自然风景探索行为，和自然与人文互动，交织而成的经典风景名胜之外，“西湖冷泉”对中国古典园林，特别是南宋时期的皇家园林的发展也产生了重要影响。因为始于魏晋南北朝时期，发展于唐代，成熟于南宋时期，因此“西湖冷泉”作为自然风景名胜的成熟时期较早。南宋迁都临安（今浙江杭州）后，南宋皇帝在对周边自然风景的探访中，形成了对西湖风景的喜爱。这种喜爱被延续至皇家园林中，形成了南宋主要皇家园林“德寿宫”中对西湖风景的模仿。“西湖冷泉”作为西湖风景的一个重要组成部分也为其所模仿，其中包括模仿“冷泉亭”而建的“冷泉堂”。南宋皇帝在朝堂上，与同时作为官员的文人，一同创作了许多诗歌赞颂皇家园林中模仿“西湖冷泉”的部分。甚至创作于南宋时期的一幅《水殿招凉图》，其内容也被当代学者认为是在描绘南宋皇家园林中对“西湖冷泉”的经典景观进行模仿的部分。

通过以上对于中国古典文化、中国古典园林中“泉”的文化意象（“源流”“高尚”“纯洁”“隐逸”）、园林造景技法（“坐雨观泉”）及经典的自然景观（“西湖冷泉”）和其所影响而形成的园林实践（南宋皇家园林对“西湖冷泉”的模仿）的分析，可以对“泉”形成相对完整的认知体系。即泉水作为一种天然水体形态，在中国古代社会对自然风景的探究中占据了重要地位，被赋予了人性和神秘色彩，衍生出了众多的文学、艺术作品。在中国古代经典风景名胜的形成和中国古典园林建设中起到了重要作用。但由于其实为难得，在中国古典园林逐渐“远”自然而“近”市井的过程中逐步精致、萎缩，远离了供养其继续生发的自然风景探索与实践；自然科学的揭示也消解了其神秘色彩，缩减了观者对其的想象空间；古典文化语境在现代社会中的消解，也削减了其所积累的故事性。本研究将以此为参考，对济南市“四大泉群”中的园林景观建设进行分析。

济南市“四大泉群”中除园林建设之外，还有现代景观建设，两者相互呼应，互为补充。现代景观从其源流而言，总体起始于西方，因此以下将对“泉”在西方古典文化、古典园林和西方现代景观中的相关概念与实践进行分析。

第三节　清渠复得：西方古典文化与园林中的“泉”

在对西方古典园林的研究中，大多数的研究者更注重将园林的起源定格在最初规模化的水利灌溉所产生的农业景观。杰弗瑞·杰里柯（Geoffrey Jellicoe），苏珊·杰里柯（Susan Jellicoe）在《图解人类景观：环境塑造史论》中提到：“人类对灌溉所产生的神奇效果进行了思索，由此产生了最初经过设计的园林。一块完全按照农业科学加以模块化的、富饶的绿洲，它像一片巨大的地毯，铺延在底格里斯河和幼发拉底河之间，所有园林都是这种景色的理想化的再现。……其基本内容就是灌溉水渠和可斜倚其下的树木。"除了苏美尔人，古代埃及人的园林也被认为是这一结论的积极佐证。与此不同的是，日本学者针之谷钟吉在《西方造园变迁史》中提到了围绕《圣经》中的内容而展开的考古研究的进展。他还试图从更为早期的《圣经·旧约》的描述中，寻找园林起源的依据。鉴于《圣经》对于西方古典文化产生的重要影响，本研究将对其中与"泉"相关的部分内容进行分析。

在《圣经·旧约·创世纪》第二章第五节的描述中，提到了人类尚未学会耕种土地；在第二章第七、八节的描述中，造物主耶和华将亚当安置于伊甸园中；在第二章第九节的描述中，耶和华使树生长，并将果子作为亚当的食物。根据《创世纪》第二章第十节至第十四节的描述，在伊甸园中产生了一条河，滋润着伊甸园，并从伊甸园分为了四条河流。既无可种植的作物，也无生产出的粮食，此时自然也没有可作为灌溉用途的水利设施。"伊甸园"在英文中称为"Garden of Eden"。"Eden"一词义为"喜悦""欢乐"，源于希伯来语中的"平地"一词。因此《创世纪》中所描述的场景，应当是对人类已有的生存环境的描述，也有可能是对较为理想的生存环境的想象：人类选择相对平缓和安全的土地生活，附近有果树作为食物的来源。最为重要的，这一地区有洁净的河流作为水源地。由此可见，水在很早就被意识到是人类生存和社会发展的要素之一。泉水作为自然环境中相对洁净的水体，当然也为《圣经》所重视。在《圣经·旧约·雅歌》第四章第十二节至第十六节中，"泉"被用来表达赞美之情："你是关闭的花园，是一座关锁着的花园，是一个封锁着的泉源（a spring shut up，a fountain sealed）……你是（园中）涌出的泉水，是从黎巴嫩流下来的活泉水（A fountain of gardens，a well of living waters，and streams from Lebanon.）。"（针之谷钟吉《西方造园变迁史》）在英语中，spring 指自然界中的泉水或水源地；fountain 则指人工喷泉或喷水池，早期应当是为了引入天然泉水或其他洁净水源，而在聚居地建设的出水口或蓄水池。由此可见泉水的珍贵和人们对泉水的喜爱。这种人类对天然泉水产生的珍惜与喜爱的情绪，应当是起源于较早时期，人类对于自然环境高度依赖而缺乏建设与改造能力时所产生的生产、生活实践经验。

除了人类早期较为依赖的天然泉水（Spring），对西方古代社会影响最为深刻，持续时间最长的是人工修造的喷泉（Fountain）。随聚落规模不断扩大，人口不断增长，天然的水源地已经不能满足需求，必须加以人工建设，以合理地分配水源，保持其洁净。"喷泉原本是纯功能性的，与泉水（Spring）或渡槽相连，用于向城市，城镇和乡村的居民提供饮用水和洗浴用水。直到 19 世纪末，大多数喷泉都是靠重力运行的，需要比喷泉高的水源（例如水库或渡槽）才能使水流动或喷射到空中。"使用喷泉最为普遍的是古希腊人和古罗马人。在以上的描述中可以看到，喷泉的建成必须具备两个条件：一是较高的水源地，二是向城市或乡村输送水的管道。古罗马人的建筑闻名于世，其中非常重要的一项就是跨越较大区域修建的输水道；而且无论是古希腊还是古罗马，都位于多山地的地区，水源地较高。在几乎相同时期，位于尼罗河冲积平原上的古埃及，则没有发现喷泉存在的证据，应是尼罗河提供了足量的水源。与古埃及相似，中国早期的古代村落、城市建设，因为生活使用、农业灌溉、水上运输等需求，基址基本选在平原中靠近天然水源的地区，如天然河、湖附近。鉴于开放式的引水渠带来的污染，天然水源在引入耕种地或聚居区内时，表现为带有引水的地下暗渠；或直接就地向下挖掘寻找水源，利用天然岩土层过滤和重力沉积得到洁净的水源，形成水井（作为象形文字的汉字，“井”其字形本身就代表了被分割成块的田地）。相对西方而言，我国在同一时期具有更为庞大的人口数量，同样也需要储量巨大且四季恒常的供水来源。我国古代大多数城市，都处于大面积的平原中，以便于大规模耕作。水源上依赖周边大型河、湖，相较水井更便于大规模灌溉。所以大多数城市对难以寻找且水量较小的天然泉水的依赖并不深刻。因此“四大泉群”所拥有的天然泉水资源非常罕见，位于城市中心则在全国乃至全世界都独一无二。综上所述，早期的人类较为依赖天然泉水为代表的天然洁净的水源；而人工修造的喷泉在水源的选择上部分衔接了天然泉水。并且无论是天然形成的泉水，还是早期的喷泉，都存在从高处向低处输送，以便供给更多人使用的特性。可见，喷泉在古代最初形成时的来源和所依据的原理，与天然泉水并无太大差异。因此，可将喷泉视为自然环境中的天然泉水在人工建置环境中的再现。

在西方古代时期，喷泉作为城市中重要的人工水源，在功能性日渐完备的同时，也具备了极强的装饰性。在早期的古希腊和古罗马时期，最早的装饰被附加在出水口之上，而后是喷泉池。古希腊的喷泉多位于城市广场，出水口以大理石或其他石材雕刻的动物头像作为装饰。承接落水的水池自然地修建于下方，装饰较少。古罗马鉴于其高超的建筑技术和富裕的物质条件，在城市中大量地修建了喷泉。除了满足必要的饮用和洗浴等基本功能，喷泉被赋予了强烈的装饰功能。尤其是作为独立的装饰装置，出现在了房屋内部的庭院中。此时承载落水的喷泉池的装饰性也得到了提高。借由罗马建筑在西方古代时期巨大的影响力，这为之后喷泉在整个西方古典园林中的发展提供了基础。在宗教主宰的中世纪，城市公共建设相对迟缓，甚至被废弃，其中包括大量的城市喷泉。这一时期的喷泉只出现在文学、艺术作品中，或者是修道院和附属于宫殿的花园里。在文学、艺术作品中，喷泉被作者赋予了神秘色彩，象征着天堂中的伊甸园。针之谷钟吉在《西方造园变迁史》中提到，修道院中的喷泉还被作为进行宗教洗礼的工具。在基督教教堂模仿古罗马时期的建筑时，作为公共建筑样式的Basilica被首先模仿。位于Basilica建筑中心的庭院，在过去被称为Atrium（“前庭”）。在模仿Basilica样式的修道院中，Atrium也被称为Paradiso（“帕拉第索”）。它的中央通常设有喷泉或水井，后来作为进入修道院的人们清洁身体的水源。喷泉的引入最终被视为西方中世纪造园的特性之一。“喷泉更是中世纪庭园的主要组成因素，成为庭园的中心装饰物。”（针之谷钟吉《西方造园变迁史》）。此时喷泉的功能性被大大降低，装饰性则在宗教神秘色彩的加持下，得到了进一步增强。这一时期的喷泉，在基督教对外扩张的影响下，甚至影响到了伊斯兰教世界的造园。在《古兰经》中，天然泉水或喷泉被称为Salsabil，被描述为从天堂流出的河的源头。古希腊和古罗马时期的建造技术传到了伊斯兰世界，喷泉出现在了波斯的宫殿花园中，并进一步地影响到了整个伊斯兰世界。其中包括了土耳其、西班牙，甚至印度等地区。文艺复兴时期的喷泉，在对古希腊和古罗马建筑技术的再现中得到了重视。喷泉也再次“走出”教堂，成为普遍的园林装饰，并从罗马扩展开来，影响了之后整个欧洲的城市建设。从文艺复兴到现代，喷泉作为重要的园林装饰依然具有一定的影响。

喷泉作为天然泉水资源的延伸，和天然泉水在人类聚居区的替代方式，贯穿了西方的历史。因为发源于现实中的山地之上，或想象中的天堂伊甸园之中，因此最为常见的，水从出水口喷涌而出后自然下落的过程，成为天然泉水（Spring）在人们心目中的主要印象（无源之水代表洁净，喷涌的状态则表示了水量的丰盈）。因此，天然泉水在人工所塑造的园林中进行再现时，“喷涌”与“下落”成为喷泉着重强调的主要表现形式；而泉水产生的汇聚状态下的水体，在园林中进行表现时则成为相对而言较为次要的形式。在此需要强调的是，喷泉喷出的水所汇聚而成的水体，即使是在西方古典园林水体相对扩大的中后期，也是侧重于展现理想化的几何式而非自然式的，较为规整。所塑造的水景为整个园林的轴线所服务，或是为更加具体的轴线上作为视觉中心的建筑或喷泉装置所服务。这一现象在潜意识中影响了起源于西方的现代景观（尤其是古典主义）的发展。西方园林对喷泉的重视，首先与中国古典园林中以引用天然泉水，或模仿天然泉水成景为追求有所区别，人工修造的出水口与水池便是最好的证明。中国古典园林则努力以天然形成的石块自然排布以隐藏水源。其次与中国古典园林中，以塑造自然式的静态水体为主，动态水体为辅（为塑造声景）的造园习惯也有一定的区别。因为在神权和王权共同影响下的西方古典园林中，大型水景从来源上而言，模仿的是伊甸园中的“四条河流”（象征神权），或灌溉所产生的运河景观（象征王权）；文人审美所主导的中国古典园林，则注重模仿自然风景中形式各异的自然水体，欣赏其自然状态。西方古典园林中的“泉”侧重于人对天堂或家园中对“源泉”的理想化想象；中国古典园林中的“泉”，则是大量发现、开发自然风景后实践经验的总结。其中掺杂了部分想象，例如“飞泉”（瀑布），“天泉”（雨）。因此相较而言，在中国古典园林中“泉”的表现形式更加丰富，更难于形成典型性的园林景观，或被明确分类。这种显著的区别，直到古典园林后期（16～18世纪，欧洲各国有所差异）才出现变化，其中部分受到了东方古典文化与古典园林的影响。这与中西方的地理条件、城市建设、社会文化发展等因素的差异有关。从园林中对“泉”的表现差异中，也可以看出以人工建设为主的西方规整式园林，与追求自然的中国古典园林之间的根本性差异。

综上所述，西方古典文化与园林，深受天然泉水所演化出的喷泉所影响。喷泉作为文学、艺术作品中的典型形象，以及园林中的主要装饰，影响了其后的现代景观设计。

第四节 返璞归真：西方现代景观中的“泉”

西方现代景观中的“泉”，在象征性与表现比重方面，相比于其在西方古典园林中的地位明显有所下降。但是“泉”所属的种种水体，在现代景观中的作用得到了重视。原因有两个：其一是人类之间不同社会、文化的融合，使原有的西方古典文化受到了巨大冲击和挑战；其二是人类对自然环境认知的加深，水打破了饮用、灌溉、运输等传统认知，扩展至更为广泛的自然科学范畴。在形成的初期，现代景观部分继承了西方古典园林的审美观念，依然将喷泉作为重要的装饰。与古代相比，此时喷泉的实用价值基本消弭殆尽，审美价值成为唯一主导。随着现代科学的发展，促进了人类对水这一自然物质在物理层面的认知。科学技术水平的提升，也为园林中水体表现形式的多样化提供了必要条件。这些都使得现代景观中的水体形态，脱离了西方古典园林中以喷泉为水体视觉核心，喷泉池或大型水面为辅的固有模式，变得更为丰富多样。但是，相比于形式的创新而言，影响更为深刻的是人类突破了对于水的传统园林与景观认知，开始将水作为改善环境、涵养生物的重要载体看待。因此本研究将以包含“泉”在内的全部水体作为一个整体，研究其在西方现代景观中的演化。

杰弗瑞·杰里柯（Geoffrey Jellicoe）、苏珊·杰里柯（Susan Jellicoe）在《图解人类景观：环境塑造史论》中提到，在对西方现代景观的认知中，较广泛共识的是其起源于18世纪。这一时期整个世界产生了前所未有的广泛联系——思想与物质在此时互为倚靠，得到了世界范围的传播。政治与经济方面，传统的神权与王权国家式微，逐渐被快速扩张的资本主义现代国家所取代，推动了工业化和城市化的发展。哲学与宗教方面，哲学彻底脱离了宗教的影响而独立出来，精神获得进一步自由与解放。文化方面，中国古典文化等异国文化在欧洲的传播，促使了哲学的发展，并伴随文艺复兴所产生的广泛而深远的影响，共同渗透到了现代景观思想理念之中。在更为具体的现代景观方面，中国古典园林的部分特性，融合了英国自然风景式景观的构建原则，促进了“仿华式”（Chinoiserie）在英国的发展。其影响后来遍及了整个欧洲。

在18世纪的西方各国向现代景观的演进中，西方古典园林中的水景也产生了较大变化，喷泉的地位与装饰作用被削弱了。即使是在古典主义风格的现代景观设计之中也是如此。无论是在受到现代艺术探索影响的意大利古典主义景观设计中，还是开始融入城市规划设计的法国古典主义景观设计中，都体现出了这一趋势。杰弗瑞·杰里柯（Geoffrey Jellicoe）、苏珊·杰里柯（Susan Jellicoe）在《图解人类景观：环境塑造史论》中提到，18世纪意大利罗马的特莱维喷泉（Trevi Fountain）的建成，如同这一时期自然与人性的宣言。装饰精美的喷泉，与几何形对称的水池，开始被体量更为巨大的自然水体，或人工开凿的城市运河所替代。在18世纪来自法国的皮埃尔·查尔斯·恩芬特（Pierre Charles LEnfant）为美国华盛顿设计的城市规划方案中，主要的水体景观由波托马克河（Potomac River）构成，喷泉则被放置于城市中的道路交叉口作为标识。从为城市供水，到作为城市位置标识，喷泉的功能逐渐产生了变化。在漫长的西方古典园林到现代景观的演进中，喷泉的功能性以完全不同的方式再次超越了装饰性。西方古典园林到西方现代景观设计的演进，最终衔接了城市规划设计。从古典园林到现代景观，再到城市规划，这与人类社会在维度上不断扩大的趋势相一致。18世纪的英国则在文学、艺术思想的影响下，开始了浪漫主义风景园的探索。不做过多人工矫饰、自然状态的水体景观，成为园林与景观中的主要形式。古典主义与浪漫主义两种风格，在19世纪的现代景观设计发展中，主导地位得到了进一步巩固。其实践范围也突破了诞生地英国，扩大至欧洲各国，其影响逐渐遍及了世界的不同角落。19世纪与18世纪相比，现代景观设计的根本性变化，在于其所面临的主要问题的变化。城市的发展和市民阶层的崛起，伴随而来的城市环境恶化成为主要问题。相对应其所产生的社会公共意识的增强，推动了现代景观设计中公共服务意识的觉醒［杰弗瑞·杰里柯（Geoffrey Jellicoe）、苏珊·杰里柯（Susan Jellicoe）《图解人类景观：环境塑造史论》］。现代景观设计由此被推向了改善人类社会环境与自然环境，即改善更为广阔生活与生存环境的发展方向。

无论是被称为“景观建筑学”还是“景观规划设计学”等名称，19世纪至今，现代景观都在两条主要途径中不断尝试，并且持续发展壮大。第一条途径是形式表达的探索；第二条途径是现代科学（尤其是自然科学）的介入。有时两者互为表里，呈现出丰富的变化。总体趋势而言，现代景观中的水体，随着现代自然科学对水体作用的理解不断深入，进行相关设计时的考量范围也相应扩大。因此，对济南市“四大泉群”的园林与景观特性进行研究时，应当首先研究现代景观设计理论对水的理解，其次是水体景观的表现方法。从水的最基本的属性出发扩展开来，这也与中国古典园林最初看待自然风景中的水体的视角相近似。回归到“稚拙”的模仿状态，以图更为广阔的创新可能。

在现代景观设计理论领域，诺曼·K.布思（Norman K. Booth）从水的物理属性出发，首先论述了水的基本状态和影响因素，而后论述了水的用途，着重论述了水的美学观赏功能，最后是水体景观的组合方式。在对水的特性进行提炼时，他首先提出了水的可塑性这一特征。在非结冰状态下，水作为无色、无味的液体，其形状实际是由其“容器”所决定的。容器的大小、色彩、质地和位置都决定了水的状态，其次起到影响作用的还有重力。因此，对水体的设计实际上是在设计承载水的容器。这一观点考虑了除温度变化之外，水体的物理属性赋予其在自然界中产生各种变化的可能性。基于物理属性认知下对水体进行设计的理解，与中国古典文化在对自然风景进行探索时产生的经验，进而将这一经验应用于中国古典园林中，两者的途径是相同的。中国古典园林中以“筑山”的方式实现“理水”，“筑山”对土、石的应用，在与水产生关联时，就是在塑造展现水的不同状态的容器。其后所论述的，水流动所产生的形态及声音变化所带来的人的心理感受，水汇聚后产生的倒影及其对周围景物的再现等，无论在中国古典园林中，还是西方古典园林中，都可以找到实例。他还认为在对“容器”的表面质地进行分析时，蜿蜒的形状与粗糙的质地，可以为动植物提供更多的生存空间。由这一认知可以看出，现代景观基于自然科学的发展，改进了传统园林景观中相较而言更为狭隘的，以原始的、宜人的功能性和审美性为核心的价值取向。与中国古典园林模仿自然风景所产生的无意识的环境、生态保护效果相比，途径有所差异，但结果是相同的。这也体现出了中国古典园林模仿自然风景和漫长发展过程中所产生的经验价值。诺曼·K. 布思（Norman K. Booth）对于现代景观中水体景观设计的其他论述，基本都是基于其自身物理属性与周边环境变化所产生的，在此不多作分析。现代科学基础上对现代景观设计中水体要素的分析，在漫长的古典园林发展中，基本都曾有所实践。这一现象说明了即使是在科学技术高度发展的现代社会，人类对景观仍然无法摆脱强烈的主观感受。其中包含了人类基于自身生理属性和其所影响下衍生的文化属性，共同作用产生的对美好自然环境的追求。因此，现代景观对自然风景的模仿，不仅是对基本自然规律的遵从，同时也是对人类自身生物属性的尊重。

综上所述，“泉”在西方现代景观设计中，逐渐摆脱了人对自然、神学的感性想象，与其他众多水体景观融为一体。“泉”基于人与神的“尺度”而在古典园林中奠定的重要地位，如今为崇尚现代自然科学的现代景观设计所削弱。西方现代景观中的“泉”及其他水体，在跨学科、跨专业合作屡见不鲜的时代背景中，丰富了自身在园林景观中的作用。以人为核心的视觉、听觉等主观感受，不再是水体在景观设计中出现的唯一主导因素。水体与土壤、空气及周边生物等的联系，逐渐成为决定其位置、形态、体量的主导因素。因此，现代景观设计所追求的，应当是在认同自然环境和谐与社会文化发展之间具备广泛而密切的关联的背景下，系统性地对自然与社会环境进行塑造，而非仅仅是审美形式角度的创新。

通过以上对中国古典文化、古典园林中的“泉”，和西方古典文化、古典园林中的“泉”，与西方现代景观设计中的“泉”的分析，对“泉”的演化背景进行了梳理。后文将据此对济南市“四大泉群”的园林与景观所体现出的物质特性和文化特性进行分析。

第三章 济南市“四大泉群”园林与景观的物质特性

一切人类行为的经验与想象，都是以客观存在的物质为基础，以事实为依据的。在研究济南市“四大泉群”园林与景观的特性时，首先研究其物质特性，在此基础上再研究以物质特性为基础形成的文化特性。

因为具备自然资源与景观优势，所以在对园林与景观进行建设时，要尽量发挥天然泉水的价值。因此，在济南市“四大泉群”物质特性研究中，对所牵涉的物质要素进行排序时，将以自然形成为主、人工建设为辅的要素在前，人工建设为主、自然形成为辅的要素在后。在“四大泉群”现存的客观实在的物质要素中，泉、水无疑当居首位。其泉眼位置、泉水出露特征、出水量等大多是自然形成的，少部分经过了人工改造。自然形成的种种因素产生的影响，所占比例最高。其次是泉池。泉池是在泉水自然流出、汇聚的基础上，在其周围进行的不同程度的人工建设，反向影响了泉水的流动与汇聚。不同泉之间，自然形成与人工建设各自所占的比重差异较大，形式也丰富多样。最后，则是人工建设为主导的建筑，以及铺装、雕塑、植物（“四大泉群”多处于开发已久的公园、街道或居民区内，因此植物多人工种植）等装饰。

第一节 源头活水：泉水出露特征及视觉表现

如前文所述，与济南市“四大泉群”相似的天然泉水是极为稀有和珍贵的资源。天然出露于园林之中的泉水较少，更多的是将天然泉水从园外引入园内，视为园林中饮用、使用水的来源，在其流动、汇聚的过程中顺势成景，专注于在园林中模仿天然泉水所形成的各种视觉景观和声音景观。因此在对天然泉水资源与景观进行人工建设时则相对克制，针对天然泉水本身积累的造园手法则较少，尽量维持其自然状态。总体而言，中国古典园林中更为重视泉水涌出之后产生的水体如何流动、汇集（有时是先汇集，后流动，视泉水相对园林的位置而定），而非初始时如何溢出的状态。

虽然处于中国古典园林体系之中，但是济南市“四大泉群”在天然泉水资源与景观方面存在独特优势，即在传统园林中引园外泉水流动、汇集的基础上，有大量泉水于场地内溢出，形成了园林与景观的核心。因此济南市“四大泉群”在中国古典园林体系中，难以找到具有高度针对性的借鉴案例，同时从中国古典园林角度出发，也难以进行分析、建设与评判。因此，在最初的研究中，将以现代景观角度对水的物理特性认知为出发点，对形成园林与景观的核心，即泉水的出露特征及视觉表现进行分析。结合基于水文地质角度的泉水出露特征，可以将济南市"四大泉群"中的泉分为三种基本类型：涌状泉、"串珠"状上涌泉、渗流泉（见表 3-1，图 3-1）。三者主要在视觉方面具有不同的景观表现特征。

"四大泉群"所含各泉水按出露特征划分类型　　表 3-1

泉群		类型（按出露特征划分）			总计
		涌状泉	"串珠"状上涌泉	渗流泉	
趵突泉泉群	泉水名录	趵突泉、漱玉泉、新金线泉、老金线泉	灰池泉	柳絮泉、皇华泉、马跑泉、满井泉、杜康泉、无忧泉、湛露泉、石湾泉、望水泉、卧牛泉、登州泉、东高泉、饮虎池、混沙泉、沧泉、酒泉、浅井泉、螺丝泉、花墙子泉、白云泉、泉亭池、白龙湾泉、尚志泉、洗钵泉	—
	数量	4	1	24	29
五龙潭泉群	泉水名录	月牙泉、虬溪泉、玉泉、五龙潭、潭西泉	—	西蜜脂泉、天镜泉、泺溪泉、回马泉、古温泉、洗心泉、七十三泉、青泉、井泉、官家池、显明池、聪耳泉、晴明泉、濂泉、贤清泉、赤泉、醴泉、东蜜脂泉、东流泉、静水泉、北洗钵泉、净池泉、裕宏泉	—
	数量	5	—	23	28
黑虎泉泉群	泉水名录	古鉴泉、汇波泉、一虎泉、任泉、黑虎泉	寿康泉、对波泉、胤嗣泉、金虎泉、南珍珠泉、五莲泉、琵琶泉、玛瑙泉、九女泉、白石泉	豆芽泉	—
	数量	5	10	1	16
珍珠泉泉群	泉水名录	太极泉、云楼泉、腾蛟泉	濯缨泉、珍珠泉、舜井	双忠泉、玉环泉、芙蓉泉、濋泉、散水泉、溪亭泉、不匮泉、广福泉、扇面泉、刘氏泉、知鱼泉、感应井泉、灰泉、孝感泉（其余 54 处散泉都为渗流泉，此处省略）	—
	数量	3	3	68	74
总计		17	14	116	147

注：泉水名录及泉水分类均来源于《济南泉水志》。

3.1.1 涌状泉

因为出水量较大，从视觉与听觉两个角度，涌状泉形成了视觉景观和声音景观，与"串珠状"上涌泉与渗流泉相比特征更为明显。泉水从处于泉池底部的泉眼喷涌出水面（例如"趵突泉"），或从高于泉池的出水口跌落至低处（例如"黑虎泉"）。期间于水中产生大量气泡，或于水面形成大量泡沫。"四大泉群"中出水量最大的"趵突泉""黑虎泉"，其景观特性最为明显，在同类型的涌状泉中也最具代表性。本研究将以"趵突泉""黑虎泉"为例进行分析，以总结涌状泉的视觉景观特性（声音景观受季节、流量影响较大，不同年份与季节间常有波动，此处暂不予研究）。

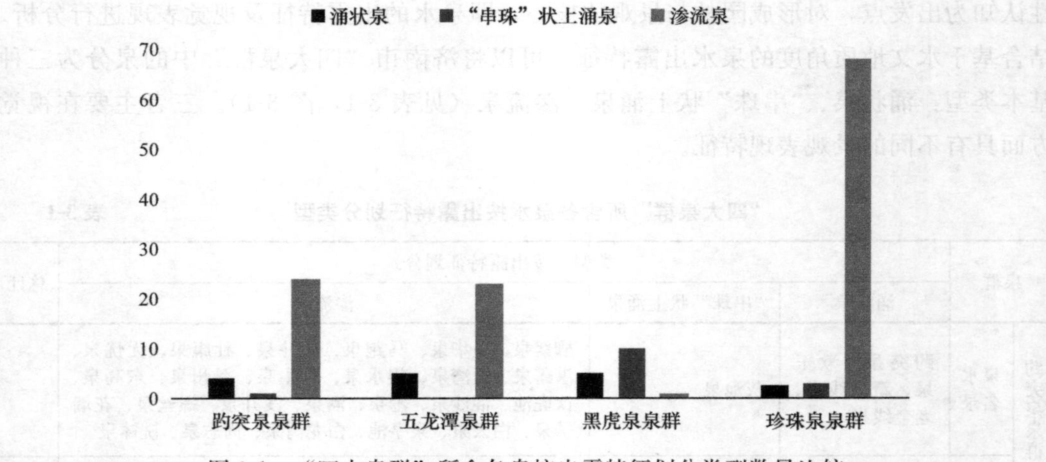

图 3-1 “四大泉群”所含各泉按出露特征划分类型数量比较

1. “趵突泉”

“趵突泉”是“趵突泉泉群”的核心泉，出水量为“四大泉群”之首。原本为多处天然形成的泉眼组成，出水较为分散。据记载，古代时期人为在池塘底部铺设了石板，使其集中于三处出水，形成人工泉眼。泉水由三处人工泉眼冒出后垂直向上，集中于三个相邻位置喷涌而出，形成了民间俗称的“三股水”。泉水喷出后，汇集形成池塘。泉水喷涌处，处于泉池的中心位置（图 3-2）。因为泉水水质优良，且出水量大，池水更替较快，所以池水清澈见底。泉池周边围绕石质栏杆，岸边有泺源堂、观澜亭等多处建筑。与“四大泉群”其他泉相较而言，“趵突泉”周边建筑密度较高，且以祭祀性建筑为主，园林建筑为辅，铺装规整、保守，植物、山石较少。综上所述，“趵突泉”虽拥有优良的天然泉水资源，但仍是一处以人工建设为主要构成的泉水园林与景观。

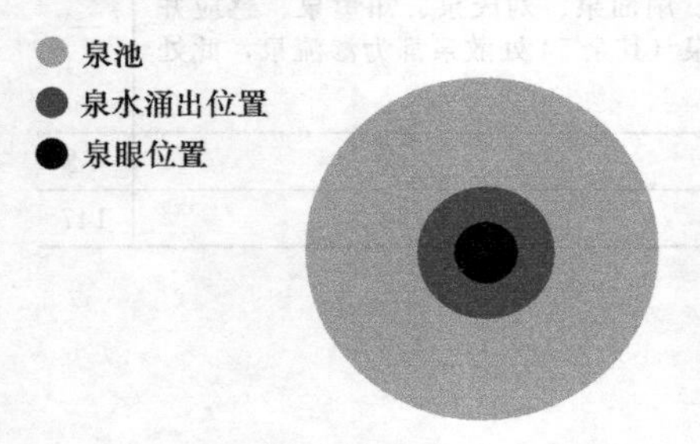

图 3-2 “趵突泉”泉池、泉水涌出位置、泉眼位置三者相对位置关系示意

在园林与景观中，高出水面的泉水喷涌处，及以其为核心遍及整个水面的放射状波浪，泉池中积累的水，水中游动的观赏鱼，还有水底的砂石、藻类植物等，这些都是泉水景观的构成部分，也是园林景观的核心。周边密集的人工建设元素，包括栏杆、亭榭等建筑，岸边人工种植的树木等，因为没有其他景观元素产生分隔与过渡，而直接影响了水体的景观成像状态。这些都是园林与景观中相对稳定的因素。

其他影响园林与景观呈现效果的不稳定因素，包括观赏位置、气候状况、游览时间等。观赏位置方面，“趵突泉”泉池与“四大泉群”其他泉池相比较而言，为中、大型泉池。观赏路线围绕池边分布，不同位置视觉感受差异较大。气候状况方面，济南市地处中国北方，气候整体而言少雨多晴，光照条件尚可，景观的视觉呈现较为清晰。开放时间方面，“趵突泉”处于“趵突泉公园”内，游客多为白天游览。因此，以下泉水景观的视觉分析，只针对相关因素较为理想时的情况而言。

在日间少云，或无云，光照条件较为理想的晴天时，观赏“趵突泉”可分为以下四个层次：

第一层次，位于泉池中心的泉水喷涌位置。泉水喷涌出水面而产生的水体凸起（后文简称为“涌水”），与泛起的泡沫，相近水面的密集波浪，以映射天空而形成的蓝、白相间色为主要色彩；少量呈现受池塘底部的藻类植物等因素影响而产生的蓝、绿相间色；几乎不呈现周边环境色（建筑、植物等）。之后，以涌水处为核心，逐步由蓝、白相间色（主要由于反射天光等而形成）为主要色彩的区域，向边缘处的蓝、绿相间色（主要由于反射水体植物等而形成）为主要色彩的区域进行过渡。

第二层次，位于泉水喷涌处外侧，水面的波浪由密集状态向平缓状态的过渡位置。在这一层次的视觉景观中，水面的泡沫与密集的波浪映射天空所产生的蓝、白相间色减少甚至消失。水体在处于池塘底部的藻类植物等影响下，呈现蓝、绿相间色为主要色彩。其中部分反射周边环境色（建筑、水岸植物等）。

第三层次，水面的波浪趋向平缓，但距观赏者仍有距离处。这一层次由于波浪趋于平缓，水面再次映射天空，形成了蓝、白相间色为主要色彩。少量呈现周边环境色（建筑、植物等），和受池塘底部的藻类植物等影响而产生的蓝、绿相间色。这一层次与第一层次的区别在于色彩斑块的连续性较强。这与波浪的平缓与否，观者视点的远近相关。

第四层次，位于泉池栏杆外，与观赏者之间距离最近处。这一层次，水面的波浪最为平缓，水体产生折射时，水体、观赏鱼、水底情况成像最为稳定。因此水体因为处于池塘底部的藻类植物的颜色等影响，呈现蓝、绿相间色为主要色彩。远处植物、建筑的环境色，无法对视觉产生影响。近处的建筑、水岸植物，在光线直射水面处直接成像，或映射其色彩；光线较少处（阴影）呈现水体及其景观所产生的蓝、绿相间色；光线极少时难以成像而接近黑色（表 3-2，图 3-3）。

“趵突泉”泉水景观要素与色彩表现（日间晴天时）　　表 3-2

		第一层次	第二层次	第三层次	第四层次
景观要素	主要景观要素	涌水、水面（波浪密集）、天空	水体	天空、水面（波浪平缓）	水体、池底藻类、砂石、观赏鱼
	次要景观要素	池底藻类、砂石、周边植物、建筑	池底藻类、砂石、周边植物、建筑、水面（波浪较为平缓）	水体、周边植物、建筑	周边植物、建筑、水面（波浪平缓）
色彩表现	主要色彩表现	蓝、白相间色	蓝、绿相间色	蓝、白相间色	蓝、绿相间色
	次要色彩表现	蓝、绿相间色	蓝、白相间色	蓝、绿相间色	红、黄、棕等色彩的相近色

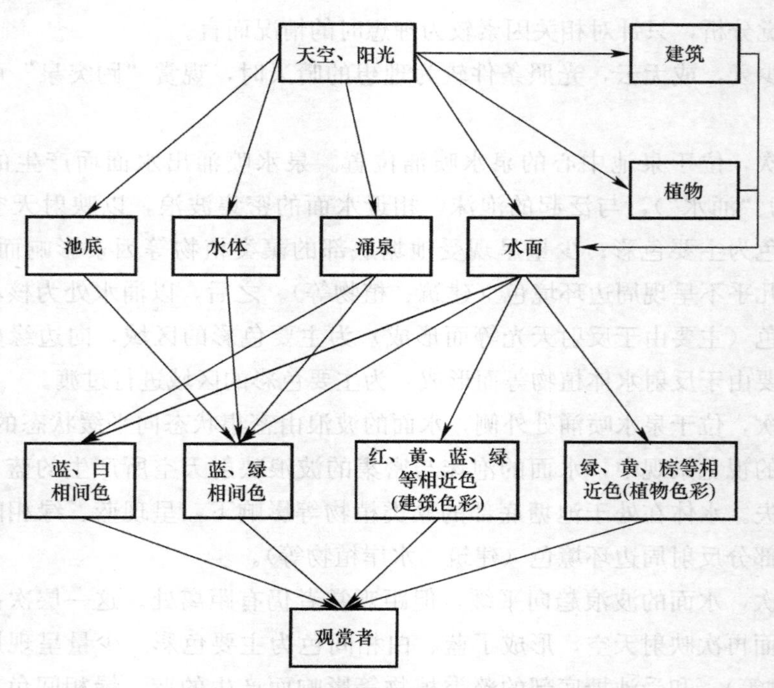

图 3-3 “趵突泉”景观成像示意图

以上所列“趵突泉”水体景观的四个层次为其基本构成。根据情况不同，会在各层次所占面积的比例和层次数量等方面产生增减等变化。

2. “黑虎泉”

“黑虎泉”是“黑虎泉泉群”的核心泉。出水量在“四大泉群”中仅次于“趵突泉”。其泉水发源于泉池旁的一处石洞中，后石洞被封闭，泉水源头与泉池通过暗渠相连。泉水涌出后流入暗渠，最终通过泉池南侧池壁上的三个石雕兽首（古代传说中的神兽“霸下”）喷涌而出，落入泉池。泉水汇集之后继续向北，流入护城河。

与“趵突泉”相类似，“黑虎泉”周边人工建造的园林与景观元素较多。同样拥有石质栏杆、建筑（“虎泉阁”）和人工栽植的植物。不同之处在于泉水由南向北，递次流动。泉眼、泉水涌出位置，与泉池之间，无论是水平方向或是垂直方向，都存在一定偏离（图 3-4）。泉水在高处落下，对水面产生冲击，空气被带入水中而产生大量气泡，上浮后在水面产生大量泡沫。因此，在晴天时，泉水涌出兽首形成的水流，以及水流落入泉池后产生的水花，成为景观中绝对的视觉中心。这一景观主要由泉水与泡沫组成，从而呈现出白色及其相近色。由于落水边

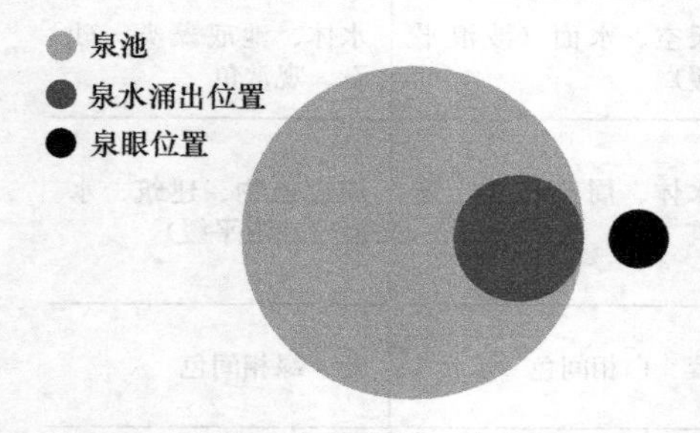

图 3-4 “黑虎泉”泉眼、泉水喷涌处、泉池相对位置关系示意

缘处反射阳光，少量呈现出蓝、白相间色。同时还产生了相应的声音景观。落差产生的更为激烈的泉水涌动，加上南侧“虎泉阁”与岸边距离较近的树木（柳树）对光照的遮蔽，使水面和水体主要呈现出蓝、绿相间色，少量呈现出反射阳光而产生的蓝、白相间色。此外，还部分呈现出以植物色彩为主要影响的环境色（图 3-5）。

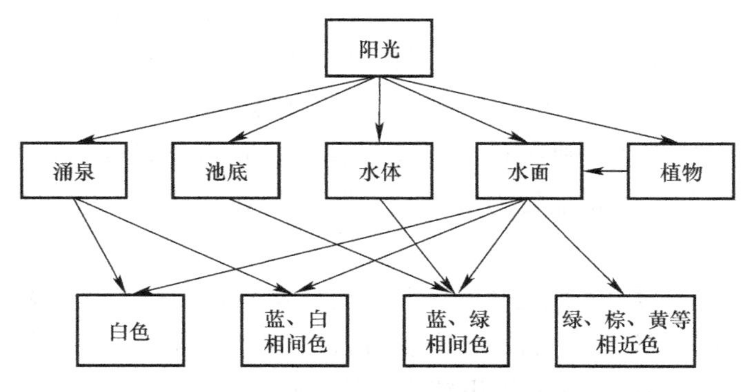

图 3-5 “黑虎泉”景观成像示意图

综上所述，涌状泉的园林与景观的物质特性，主要包含以下三点。首先，最为重要的是泉水喷涌处所产生的景观。虽然在个别案例中，其涌水并非最为明显的视觉景观，但这是其区别于其他类型泉的最重要的条件，造就了水体本身与反射周边环境时产生的丰富变化。除泉水喷涌处与周围水面产生了明显的视觉差异（主要为形态、色彩）之外，还伴随着声音景观（均存在一定的人为建设干预，产生了强化的效果）。其次，泉水汇集之后水面产生的状态。涌状泉造成了水面波浪起伏不停，在良好光照条件下，水面部分反射阳光与周边环境色，部分折射水底颜色，因此难以呈现周边环境及池底的完整图像，而多以混合的色块呈现模糊图像，并且随波浪起伏不断产生变化。最后，由水面波浪“过滤”之后产生的“碎裂”的池底景观和倒映而成的环境景观，其形状和色彩受到众多因素干扰。可见，其他依托水体而产生的视觉景观的“破碎”，形成了视觉景观抽象与形象的对比，反而加强了涌水在视觉景观中的核心地位。

3.1.2 “串珠”状上涌泉

“串珠”状上涌泉，指未呈现集中喷涌状态，泉水随着如同珠串一般的气泡在一定区域范围内分散涌出，并在水面产生细小波纹的泉。“串珠”状上涌泉在出水量方面，大多数不及涌状泉。泉水出露位置（泉眼）也相对更加分散。因此，无法形成泉水喷涌所造成的明显高于水面的水体凸起。同样也无法形成泉水涌出或下落时造成的密集气泡与泡沫。同时也没有泉水喷涌时形成的声音景观。因此其景观特性集中展现于视觉景观之中。在“四大泉群”中，“串珠”状上涌泉这一类型，主要包含在“黑虎泉泉群”和“珍珠泉泉群”中。其中“黑虎泉泉群”同类型泉数量最多，“珍珠泉泉群”同类型泉规模最大。以下研究将对同类型泉中最具代表性的泉进行分析，总结“串珠”

状上涌泉自身的特性。

“珍珠泉泉群”中的“珍珠泉”与“濯缨泉”，同属“串珠”状上涌泉。两处泉均位于济南市明代府城区域内，从古代开始就多有人工建设。虽然泉眼分散，但属于明代府城城区内少有的大型水体（两泉水面面积均为1200～1300m²）。两者区别在于，“珍珠泉”在明、清两代均处于王府私园和政府衙署内，为其附属园林。因此“珍珠泉”周边长期存有较多古典园林建置，园林要素较为齐全，格局较为完整。“濯缨泉”历史上较长时间处于市民聚居的街区内，仅在明代被划入王府内，之后又于清代划出。因此“濯缨泉”周边古典园林建置遗存较少，园林要素较为缺乏，格局不甚完整。鉴于两者泉水的基本特征较为接近，而园林景观环境等存在差异，故合并进行比较分析。

“珍珠泉”与“濯缨泉”既是“串珠”状上涌泉，又兼为“四大泉群”中少有的大型泉池。泉水出露位置分散，且流量不稳。因此“串珠”状上涌泉所产生的由水底冒出的气泡，具备以下特征：气泡体积较小，数量较少，露出水面后留存时间极短，破裂后形成的波纹规模较小（经常与观赏鱼露出水面的活动而产生的波纹相混淆）。气泡的体积、数量在有限范围内随机产生。因此在1200～1300m²的较大水面上形成的视觉景观并不明显。在较远的距离观赏时，其所展现出的视觉景观主体为大型静态水面，因此受周边建设影响较大。“珍珠泉”周边建筑数量较少，体量较小，高度较低，并且多植柳树，透光性较好。色调以天光与植物构成的蓝、绿相间色为主。经水体映射后，景观感受整体较为通透。“濯缨泉”周边建筑密集，透光性较差。色调以周边建筑墙壁的灰、黄相间色为主。经水体映射后，景观感受较为压抑。“珍珠泉”与“濯缨泉”一处在园林中，一处在街区中，水质差异带来的视觉感受差异也较为明显。在对较近距离的水体进行观赏时，多依靠水质清澈与否，决定了视觉景观的主体。清澈时以观赏鱼、池底的砂石、藻类植物等为视觉景观主体，气泡成为次要的视觉景观；浑浊时以反射天光的水面，与上浮接近水面的气泡为景观主体，间以模糊的观赏鱼形态（表3-3）。

“珍珠泉”与“濯缨泉”泉水景观要素与色彩表现（日间晴天时）　　表3-3

		珍珠泉		濯缨泉	
		远景	近景	远景	近景
景观要素（按主次排序）	主要景观要素	天空、植物、建筑	水体、观赏鱼、池底砂石、藻类植物	天空、建筑、植物	天空、观赏鱼、气泡
	次要景观要素	水体、池底砂石、观赏鱼	气泡、植物、建筑、天空	水体、观赏鱼	建筑、植物
色彩表现	主要色彩表现	蓝、绿相间色	蓝、绿相间色	蓝、白相间色	蓝、白相间色
	次要色彩表现	蓝、白相间色	蓝、白相间色	蓝、绿相间色	蓝、绿相间色

综上所述，“串珠”状上涌泉呈现出的园林景观物质特性，主要包含以下三点。首先，由于其泉水出露特征并不如涌状泉般明显，因此在由远及近的移动与观景过程中，观赏者在远处时，水面倒映的周边环境成为景观的主体。其次，在近距离观景时，景观的主体包括水面映射的天空及周边景物、水体、观赏鱼、池底砂石及藻类植物，以及作为识别其出露特征的由水底冒出的气泡，较远距离更为丰富。各因素的成景效果与层次，由光照条件和观赏角度所决定。最后，“串珠”状上涌泉及其汇聚而成的水体，相对涌状泉而言更为偏向静态，因此其视觉景观效果更易受到水体污染程度的影响。

3.1.3　渗流泉

渗流泉是指水量较小，无明显出露状态（具体表现为池底水流的扰动），泉水自池底缓慢渗出的泉，例如“柳絮泉”。与涌状泉、“串珠”状上涌泉相比，渗流泉出水量最小，也难于形成较大面积的水体，其泉水出露所展现出的视觉景观最为微弱，且泉水本身无法产生声音景观，受水体污染程度影响较“串珠”状上涌泉更大。因此以较小面积的静态水体为主，构成了其视觉景观的核心。

在“四大泉群”的147处泉中，属于渗流泉类型的有116处，占据了总量的2/3以上。随着各种因素的影响，“四大泉群”中各泉的出水量整体存在下降趋势。未来可能将有更多的“串珠”状上涌泉，甚至涌状泉，将变为渗流泉。虽然渗流泉本身景观特性较微弱，但鉴于以上两点原因，对渗流泉的研究具有较强的实践意义。

由于渗流泉本身景观特性较弱，受环境影响较大，因此本研究选取案例时，将选取不同环境中的泉水。本研究选取了“浅井泉”“七十三泉”“西蜜脂泉”“芙蓉泉”四处泉水作为研究目标。尽量涵盖各种影响因素，以期全面分析渗流泉的景观特性（表3-4）。

渗流泉研究选取四处泉水情况概要　　　　**表3-4**

	浅井泉	七十三泉	西蜜脂泉	芙蓉泉
所属泉群	趵突泉泉群	五龙潭泉群	五龙潭泉群	珍珠泉泉群
所处周边环境	植物山石构成的园林环境为主	植物山石构成的园林环境为主	祠庙内	街区内
泉池形态	不规则形泉池	不规则形泉池	规则形泉池（泉井）	规则形泉池

如表3-4所示，“浅井泉”与“七十三泉”相较而言，同样为不规则形泉池。两者都处于公园较为僻静的位置。不同之处在于，“浅井泉”积水深度较浅，水面与池底距离较近。池岸植物生长于泉池一侧的假山上，对泉池景观产生影响，形成了部分阴影。因此其景观以水底水草、池岸植物倒影和反射天光为主。有部分泉水渗流而产生的气泡冒出。“七十三泉”积水深度较“浅井泉”更深。池岸植物通过顶部人工搭建的架子攀爬而上，遮蔽了整个泉池，形成了阴影。因此其景观以倒映顶部架子与植物为主，小部分反射远处植物与天空。

“西蜜脂泉”与“芙蓉泉”相较而言，同样为规则形泉池。同时，两者都处于人类活动较多的祠庙或街区中。不同之处在于“西蜜脂泉”泉池较小，更为接近泉井的状态。旁侧庙堂建筑低矮，无法形成投影。因此其视觉景观以反射遮蔽其上的树木枝叶与水中的观赏鱼为主，部分反射天空及泉池石壁。“芙蓉泉”泉池较“西蜜脂泉”面积更大，一侧有高层建筑，与另一侧的主要观景角度（人流密集的街道）相对，建筑对水面反射影响明显。由于地处商业街区及居民区交界处，污染较为严重，水体及池底景观难以呈现，因此其景观以反射周边建筑为主，部分反射天空与树木。

渗流泉作为各类型泉中泉水出露表现最为微弱的类型，其景观形成的基础为水面静态，深度较浅的小型水体，因此构成景观时受环境影响较大。以水面为界，水面以上倒映周围环境，受到观赏角度、光照条件、周边环境（建筑、植物），与水体污染程度（与人类活动相关）等因素影响；水面以下，水体中的景观状态受到观赏角度、光照条件、水下环境（观赏鱼、藻类、砂石），与水体污染程度等因素影响。

通过对涌状泉、“串珠”状上涌泉、渗流泉三种出露特征的泉水的研究，可以总结出以下结论：首先，作为以泉水为核心的园林与景观，其特性必然是通过突出泉水的出露特征，和其所展示出的泉水的汇聚状态为核心目标。在这一角度而言，首先由泉水出水量大小决定（泉水的出水量甚至决定了声音景观的存在与否）。出水量最大的涌状泉，对其他景观条件的宽容度较高。景观的视觉中心处于水面上（涌水、泡沫）、下（气泡）。出水量中等的“串珠”状上涌泉，对其他景观条件的宽容度适中。景观的视觉中心处于水面和池底之间（上浮的气泡于水面形成的波纹）。出水量最小的渗流泉，对其他景观条件宽容度较低。理想化的景观视觉中心接近池底，即可通过水底景物的成像变化，观察到微弱的水流扰动（图 3-6 和图 3-7）。除此之外，泉水景观受泉水所积累的水体的深度、水体透明度（受洁净度等影响）影响较大。观赏者所处的观赏距离、角度，观赏时的天气状况（尤其是光照程度），以及泉池周边建筑、植物等因素的影响居于次要位置。人类及动、植物活动等因素造成的水体污染，根据程度不同，也对观赏者的观景感受产生不同影响。视觉焦点会随着条件的变化出现上升或是下降，替换为不同的视觉景观要素（表 3-5）。

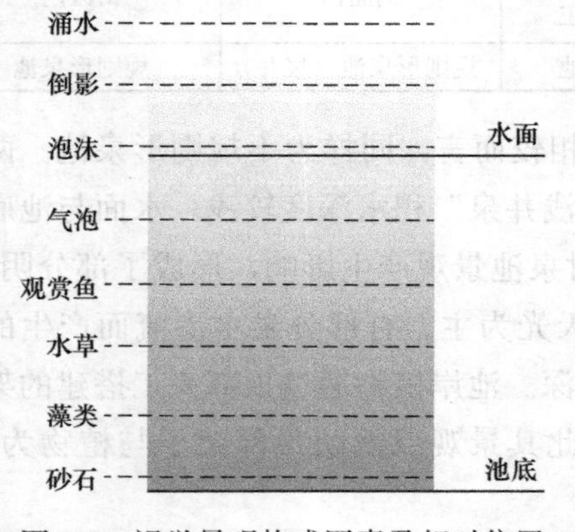

图 3-6　视觉景观构成因素及相对位置

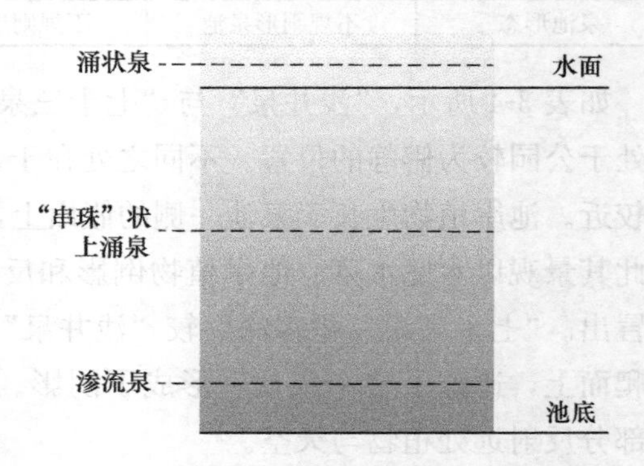

图 3-7　三种类型泉的景观视觉核心相对位置

不同因素对景观视觉核心的相对位置产生的影响（日间晴天时）　　表 3-5

	观赏者				水体								环境			
影响因素	观赏距离		观赏角度		积水深度		波动程度		透明度		污染度		光照条件		环境明度	
程度	远	近	高	低	深	浅	强	弱	高	低	重	轻	强	弱	明	暗
视觉核心相对位置	↑	↓	↓	↑	↑	↓	↓	↑	↓	↑	↑	↓	↑	↓	↑	↓

综上所述，水本身作为无色无味的液体，在塑造景观时，往往依靠外在环境决定其景观特性。泉作为水的一种自然存在形式，也受到外在环境的影响。但同时具有在相对较小的空间范围内，依靠自身独特条件塑造丰富形态的能力。泉水的这一特性丰富了它的景观表达。但限于在目前已有的园林景观建置中，多使用了古典园林或现代景观中较为典型、常规的水体处理方法，对周边环境、观景方式、交互方式等考虑不足，对其景观表达有所限制，存在诸多不利于视觉景观展现的因素与现象。因此在未来文旅发展、城市建设过程中，仍需在充分考虑其出露特征及视觉表现的基础上，创新其园林景观建设的方式方法。这是"四大泉群"园林与景观的物质特性的核心所在，也是济南泉水园林与景观区别于其他地区、类型园林景观的核心所在。

第二节　因地制宜：泉池形态及相关建设组合方式

诺曼·K. 布思（Norman K. Booth）从现代景观设计角度，将对水体的设计总结为对其"容器"的设计；计成则主张以土、石排布（"掇山"），来塑造园林中的水系（"理水"）。"四大泉群"中泉池的建设，可以被视为现代景观设计角度出发塑造的水的"容器"，同时也可以被视为中国古典园林角度在建设泉水园林时进行的"建筑设计"（栏杆与台阶构成的规则形泉池），或"掇山"（也作"筑山"，指堆土、叠石从而模仿自然水岸的不规则形泉池）。

从上节分析可以得出，泉的出露特征及其视觉表现，是相关园林与景观建设的核心。除此之外影响最大的是泉池的建设。因为在"四大泉群"中自然形成的泉（泉眼非人工开凿）仍为其中的主体。因此泉池的建设，首先从选址角度而言，是由泉眼出露位置等自然因素先行决定的。其次便是形式的选择。通常根据泉的功能决定泉池的形式，包括观赏等景观所用，以及饮用等日常所用。泉水天然的流量与水质通常是其功能的先决条件。因此泉的出露位置、出水量、水质等因素，都决定了泉池建设时的形式选择。

泉池建设从形式角度出发，可分为规则形泉池与不规则形泉池，也有两者兼备的半规则形泉池。相比较而言，其中的规则形泉池更为偏向综合的功能属性（位于高度人工建置环境中，甚至服务于轴线布局），不规则形泉池则偏向于单一的观赏属性（位于自然因素为主导的环境中，人工建置较少，无规整布局），少部分两者兼备的规则形加不规则形泉池，也偏向于观赏属性。“四大泉群”中的各泉基本可以分为以上三种类型（表 3-6，图 3-8）。以下将对泉池的三种类型进行分析，以形成其园林与景观的物质特性。

“四大泉群”泉池类型划分及泉水名录 **表 3-6**

<table>
<tr><th rowspan="3" colspan="2">泉群</th><th colspan="4">泉池类型</th><th rowspan="3">总计</th></tr>
<tr><th colspan="2">规则形泉池</th><th rowspan="2">不规则形泉池</th><th rowspan="2">规则形＋不规则形泉池</th></tr>
<tr><th>方形泉池</th><th>泉井</th></tr>
<tr><td rowspan="2">趵突泉泉群</td><td>泉水名录</td><td>趵突泉、柳絮泉、漱玉泉、皇华泉、望水泉、金线泉、卧牛泉、登州泉、东高泉、老金线泉、花墙子泉、白云泉、泉亭池</td><td>满井泉</td><td>马跑泉、无忧泉、湛露泉、石湾泉、混沙泉、沧泉、酒泉、灰池泉、浅井泉、螺丝泉、白龙湾泉、尚志泉、洗钵泉</td><td>—</td><td></td></tr>
<tr><td>数量</td><td colspan="2">14</td><td>13</td><td>0</td><td>27</td></tr>
<tr><td rowspan="2">五龙潭泉群</td><td>泉水名录</td><td>西蜜脂泉、天镜泉、回马泉、古温泉、洗心泉、青泉、晴明泉、东蜜脂泉、东流泉、静水泉、北洗钵泉、潭西泉、裕宏泉</td><td>井泉</td><td>泺溪泉、月牙泉、虬溪泉、玉泉、七十三泉、五龙潭、官家池、显明池、聪耳泉、濂泉、贤清泉、醴泉、净池泉</td><td>—</td><td>—</td></tr>
<tr><td>数量</td><td colspan="2">14</td><td>13</td><td>0</td><td>27</td></tr>
<tr><td rowspan="2">黑虎泉泉群</td><td>泉水名录</td><td>寿康泉、对波泉、金虎泉、任泉、豆芽泉、琵琶泉、黑虎泉、玛瑙泉</td><td>—</td><td>古鉴泉、汇波泉、胤嗣泉、一虎泉、南珍珠泉、五莲泉、九女泉、白石泉</td><td>—</td><td>—</td></tr>
<tr><td>数量</td><td colspan="2">8</td><td>8</td><td>0</td><td>16</td></tr>
<tr><td rowspan="2">珍珠泉泉群</td><td>泉水名录</td><td>双忠泉、芙蓉泉、腾蛟泉、濯缨泉、珍珠泉、溅泉、散水泉、不匮泉、太极泉、广福泉、刘氏泉、灰泉、不匮泉</td><td>玉环泉、舜井、云楼泉、知鱼泉、感应井泉、岱宗泉、厚德泉、华家井</td><td>—</td><td>溪亭泉</td><td>—</td></tr>
<tr><td>数量</td><td colspan="2">21</td><td>0</td><td>1</td><td>22</td></tr>
<tr><td colspan="2">总计</td><td colspan="2">57</td><td>34</td><td>1</td><td>92</td></tr>
</table>

注：泉水名录及泉池分类均来源于《济南泉水志》，作者根据自身理解对泉池分类做了部分改动。

3.2.1 规则形泉池

规则形泉池，为人工开凿的规则形石头（部分采用了烧制的砖块）砌成，基本可以分为两种类型，即泉池与泉井。泉池多处于空间开阔的公共环境中；泉井则多处于民宅内外，为生活取水之用，观赏性较弱。泉池常辅以石质栏杆、台阶，例如“趵突泉”，与泉井相比结构更加复杂。泉池占地面积大小、长宽比例与深度各异，小型泉池的占地面积大小甚至接近泉井。“四大泉群”中的各泉多数是规则形泉池，少数为不规则形泉池，与泉水多处于城市环境中有关。

中国古典园林一贯追求“虽由人作，宛自天开”。这一追求落实到具体建设层面，实际上是对水发源之后形成的溪流、浅滩、湖泊等不同水体进行模仿，即其塑造的水

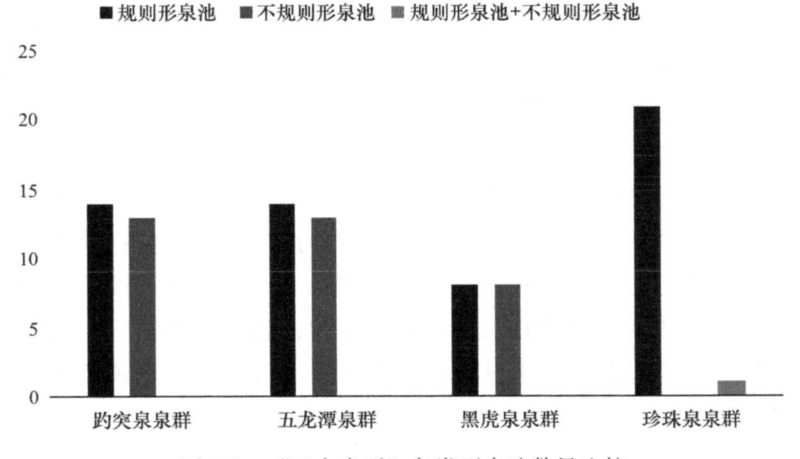

图 3-8　“四大泉群”各类型泉池数量比较

体突出多样性和过程性两种特性。对模仿自然的，曲折的流水与水岸的欣赏，伴随了中国数千年的历史，几乎没有间断。其实对规则形泉池的欣赏也持续见于中国古典园林发展史中，并且占据了重要地位。鲍沁星在《两宋园林中方池现象研究》中，总结出了两宋时期皇家园林与私家园林中“方池”（包括“方沼”“方塘”）的流行及欣赏原因（“方池”也是本研究所论述的规则形泉池的一种重要来源）。其中的皇家园林中方池的流行，受到了道家风水观念的影响。私家园林则受到了王羲之的“墨池”的影响（曾巩《墨池记》：“洼然而方以长，曰王羲之之墨池者”）。唐代白居易作《草堂记》也有对方池的叙述；宋代司马光在“独乐园”中建方池一座。方池也多见于北宋诗、词之中。宋代儒家代表人物朱熹更是作诗“半亩方塘一鉴开”，表达了“格物致知”的思想，暗示了“方塘”就是“理”之所在，又将儒家思想融入其中。除了以上原因之外，宗教的传播与其同文人文化的融合也是重要原因。佛教《阿弥陀经》中描述西方“极乐世界”时，提到那里有“七宝池”，周围是“四边阶道”，这与方池具备四条边际的特性是一致的。不排除儒释融合的影响，可能互有借鉴。宗教与文人文化也影响到了地方性的祠庙园林。如今在寺观园林、皇家园林、祠庙园林中，仍有数量较多的方池存在。综上所述，方池具有一定的象征性，象征了神仙境界，或人恪守“天道”的理性思想。“四大泉群”中的规则形泉池，作为古代“方池”形态的延续，也具备了一定的神秘性和象征性。在进行园林设计时，“方池”为代表的规则形水池，被认为是配合以中间线为轴，左右两侧相对称建筑布局的理想水体形态。以下对“四大泉群”中占据主体的方形泉池和泉井进行分析。

1. 方形泉池

规则形泉池除泉井外，通常由长方形泉池和正方形泉池组成，在此统称为“方形泉池”。其中以长宽不同的长方形泉池居多。其他边界平直，整体方正，但由不止四条边界构成的泉池，也可被视为方形泉池，例如“趵突泉”泉池。因为水面宽阔，也可以被视为多个方形泉池的拼接。除了形状不同之外，还可以因为是否预留泉水出口而将方形泉池分为“全包围式”与“半包围式”，“全包围式”最多。“全包围式”通过暗渠排出泉水，例如“柳絮泉”（图 3-9）。“半包围式”通过明渠排出泉水，出水位置开敞、明显，例如“漱玉泉”（图 3-10）。泉池建设方面，方形泉池边缘以人工开凿的石块堆砌成规整的形状。泉池边缘处大多数装饰石质栏杆，栏杆本身也有雕刻装饰，少部分有可抵水面的石质台阶。石质栏杆除了装饰作用，也有避免行人落水的作用。相关建设方面，周边多有建筑并常常相互配合形成轴线布局；也习惯用较为规整、重复的铺装作为装饰。整体风格通常较为保守，人工建设趋向较为明显。这符合方池在中国古典园林实践中，为配合人工建设（包括方正的建筑布局和建筑单体）较为明显的园林环境、建筑环境而存在的传统，具有一定的礼教色彩。

图 3-9 “全包围式”泉池

图 3-10 “半包围式”泉池

“漱玉泉”泉池所预留的缺口，放置了可供来回行走时踩踏的石头，这在中国古典园林中称为“汀步”（也称“掇步”“踏步”）。泉水通过石质栏杆一侧预留的缺口，经由“汀步”之间的曲折的水道，流入旁边的自然式水塘。这样的建设方式与材质选择，使得“自然”与“人工”之间对比明显，却又相映成趣，在极小范围内达到了自然与人工的和谐，有“卧游”山水的趣味。除了“漱玉泉”泉池之外，“黑虎泉泉群”中的大量临河泉池都采用了“半包围式”的泉池形态（区别在于缺口处没有汀步，而是直接流入护城河）。这一形态不仅具有快速排水的实用价值，还打破了传统方形泉池给人带来的相对刻板的审美感受。人行走在“汀步”之上，如同跨越了郊野的溪水与河流；水流或缓或急冲刷石头的表面，使其产生粗糙与光滑（或因常年踩踏而成）对比而成的视觉景观；水、石撞击或泉水跌落而产生的声音景观，与静谧的园林环境相对。这些都可以使人感受到中国古典文化与园林中，古人所崇尚的“泉石”的乐趣。因此，从审美角度而言，“半包围式”泉池比“全包围”泉池，更加贴近中国古典文化背景和中国古典园林发展的主要审美取向。

2. 泉井

除了泉池，具备明显人工建设趋向的还有泉井。如果在功能性方面，规则形泉池强于不规则形泉池，那么在规则形泉池中，功能性最强的类型就是泉井，但其功能是实用倾向，而非观赏倾向。由上文对“四大泉群”中泉池类型的划分可见，大量的泉井都存在于“珍珠泉泉群”中。这与其功能性无法分割有关。泉井以其平面布局而言，具有圆形、方形、六边形等不同样态。建设方面也多由人工开凿的规则石块或烧制的方砖垒砌而成，古代时期通常为民众取水所用，现代仿建的泉井为加强观赏性进行了部分装饰。

在古代，泉井用来为城市居民提供饮用水和其他生活用水。较小的取水口既能够避免开敞后浮尘与落叶的污染，也便于不用时快速封闭。“珍珠泉泉群”基本位于济南明代府城城区内，为普通民宅聚集之地，因此泉井数量最多。其他三个泉群所处之地，在古代则长时间属于人口相对稀少的城市郊野地带。清代刘鹗在其小说《老残游记》中形容济南府“家家泉水，户户垂杨，比那江南风景，觉得更为有趣”。其中的“家家泉水”，大多数应当是指泉井，泉池与泉渠应当多处于作为公共空间的街区或公共园林之中。

与方形泉池多位于公共空间之中不同，泉井多位于民居内外，场所的区别也局限了其观赏性的发展。如今随着地下水位降低，水质污染等因素的影响，泉井的数量与功能性都存在不同程度的下降，甚至消弭。现今存在的泉井多有改建，因此不作举例。相关建设方面，周边多有民用建筑，少有园林性质的建设（与其他泉群相比较而言）。因处于空间局促的民居内或街区中，所以观赏性较弱。

3.2.2　不规则形泉池

不规则形泉池的建设，延续了中国古典园林中的“掇山理水”（也作“筑山理水”）手法，以堆土配合不规则形状的假山石堆砌池岸。其中部分形成了泉水满溢的视觉景观，甚至借由跌水形成声音景观。人工干预痕迹较不明显，例如“白石泉”。与规则形泉池相比，不规则泉池所塑造的泉水状态，更加符合自然山水中的水体形态。因此不规则泉池也更加符合中国古典园林主流的审美标准。大多数不规则形泉池存在一定规律，以下以统一特性对其进行总结分析；部分不规则泉池较为独特，列入个别特性进行分析。

1. 统一特性

前文所述“漱玉泉”中“汀步”的使用，就是在缺少变化、人工建置的规则形泉池中，寻求变化与自然趣味的一种方法。在不规则形泉池的建设中，类似“汀步”一样模仿自然中的水、石的关系，是其共同追求，因此在不规则泉池的建设中形成了较为统一的特性。泉池的表现主体，为池中泉水出露的视觉景观。所以以“理水”技法进行处理时，着重于池岸的处理，而较少在池水中塑造土、石的组合变化，保护了泉水出露特征在视觉景观中的核心地位。“四大泉群”中各泉池的池岸建设，参照刘敦桢对水景建设经验较为丰富的苏州园林的总结，具备以下几种相应的水岸处理方法：包括“叠石岸”“石矶”“驳岸”三种，直接使泥土贴近池水的“土岸”则较少使用。应是考虑到泉水流动性较强，可能对池岸产生侵蚀的缘故。

“叠石岸”的作用包括巩固池岸，以及便于游人亲水。因此尺度上以水面为起始，不能过于高大。高低变化都要基于人体尺度，迎合不同年龄、身高的人靠近池边时，产生的站、蹲、坐、卧等姿态。在石材选择和利用方面，则要根据纹理进行安置（与山水画理论中的“皴法”相一致）。在苏州古典园林中，“叠石岸”还塑造了一些仿照自然的洞穴，用来暗示水源。作为水源处于池中的泉水来说，则在泉水喷涌处进行一些有限的人工建置暗示水源，甚至形成跌水。如此丰富多样的变化，使得建设有“叠石岸”的泉池在尺寸上不宜过小。否则石头尺度过大，或是过高，相比较而言泉池水面较小，则有比例失调之感。“四大泉群”中“叠石岸”的建设最为突出的是“趵突泉泉群”中的“无忧泉”。池岸形式多样，趣味丰富。池中甚至还有土、石配合后进行的植物种植。“无忧泉”与人工建设为主的“趵突泉”通过结构通透的“碑廊”相隔，形成南侧与北侧、“自然”与“人工”的对比呼应之感。

如果说“叠石岸”更为重视池岸的高低变化，其次兼顾曲折变化，那么“石矶”则更为重视以较大的石块突入水中，打破池岸横向相对单调的曲折变化，其次兼顾纵向的高低变化。自然中的“石矶”多存在于较大的水体中，例如延伸至大海中的巨石。在体量普遍较小的“四大泉群”泉池中也并不多见。因为所用石块体量稍大，或是突入水中，则有可能产生贯通泉池的效果，短则成为“叠石岸”而缺少变化。甚至影响分散于整个泉池中的泉眼，影响泉水状态与视觉表现。因此“四大泉群”中多见“叠石岸”与“汀步”的组合，而少见“石矶”。

除“叠石岸”与“石矶”之外，还有相较而言更加规则整齐的“驳岸”。“驳岸”多指相对平整的石砌水岸，所用石材同样更为规整，建设位置也多位于建筑临水处。这与“驳岸”更为贴近人工建设的风格趋向相符合，暗示着经由人工选择或简单加工的、便于船舶停靠的天然水岸。这在靠近“白雪楼”的“石湾泉”池岸处理中可以看到。“白雪楼”前的泉池池岸所用的石材，与周边的“叠石岸”相比更加规整。较为规整的石材组成了高度上递增或递减的台阶，使得“自然”与“人工”之间的界限更加模糊，过渡也更为自然。

“四大泉群”中不规则形泉池的建设，基本继承了中国古典园林中对水体的自然式处理手法。但基于泉池的“池中之水便是源头”的景观物质特性，在进行建设时，进一步削弱了人工建设风格的倾向，池中造景更为谨慎小心。“叠石岸”“石矶”“驳岸”之间的界限较为模糊，灵活转换，遵从了“虽由人作，宛自天开”的中国古典园林造园的基本原则。在尊重自身特点的同时，融入了中国古典园林的大背景之中。

2. 个别特性

在不规则泉池的内部比较中，存在部分差异。主要表现在如何处理泉池与周边环境的关系方面。不规则泉池与周边环境的关系，则表现于相对位置与竖向设计两个方面。垂直高度受限于相对位置，因此进行合并分析。

不规则泉池的相对位置，体现在与周边土地、泉池、水渠、河道的关系。首先，相对独立的泉池，周边少有其他景观要素。独立泉池不与其他泉池、水渠、河道产生园林与景观上的联系，例如“沧泉”。独立泉池排出的泉水，部分蒸发或渗入土地；部分通过藏于地下的暗渠，将泉水排入露天水渠或护城河。独立泉池通常为规模较小的泉池，因此在竖向设计方面最为灵活，不必担心外部水体倒灌而污染泉池。

其次，部分泉池的泉眼，与相邻泉池的泉眼距离较近。出水量较多的情况下，两处泉池可能产生部分“重叠”。例如“湛露泉”“石湾泉”“酒泉”。三处泉并列排布，两两相接。“湛露泉”与“石湾泉”的两处泉池，有较大面积重合。“石湾泉”与“酒泉”则有水道相连，水道上有“汀步”。“石湾泉”的泉水通过水道注入“酒泉”泉池。竖向设计方面，各个泉池根据出水量不同而造成的水位差异，互相之间可以塑造丰富的跌水景观。

再次，部分出水量较大的泉池，通过开放式的露天渠道将泉水排入护城河。“珍珠泉泉群”的泉水大多向北流入“大明湖”，而不排入护城河。除“黑虎泉泉群”外，“趵突泉泉群”“五龙潭泉群”“珍珠泉泉群”三个泉群都有水渠用于排出泉水。竖向设计方面，这些直接将泉水排入水渠的泉池，与水渠之间通常有较大落差。这样可以避免水量较大时，护城河或水渠中的水向泉池倒灌。部分水渠还增加了调节水位的水闸。

最后，“黑虎泉泉群”情况较为特殊，各泉池与河道联系较为紧密，分为三种情况。一种是泉池临近河道，泉水自泉池直接排入护城河，例如“黑虎泉”；一种是泉池半侧直接与河道相接，好像直接融入了河道之中，例如“白石泉”；一种是泉池直接独立于河道之上，不与河岸相接，例如“五莲泉”（“四大泉群”各类不规则形泉池特性比较示意，见表 3-7）。竖向设计而言，直接临近河道的泉池，与河道落差较大；融入河道，或独立于河道之中的泉池，落差则较小。

“四大泉群”不规则形泉池特性比较（部分）　　表 3-7

（不规则形）泉池类型	类型图示	具有代表性的泉
独立泉池	泉池	“沧泉”
相连泉池	泉池　泉池　泉池	“湛露泉”“石湾泉”“酒泉”
临河泉池	河道　泉池	“黑虎泉”“琵琶泉”

续表

（不规则形）泉池类型	类型图示	具有代表性的泉
半临河——半河中泉池	河道 泉池	“白石泉”“九女泉”
河中泉池	河道 泉池	“五莲泉”

除规则形泉池与不规则泉池之外，还有兼具了以上两者特征的泉池。如果规则形泉池更为贴近、适合人工建置环境，不规则形泉池则更为贴近自然形成的，或自然式园林的环境。那么兼具了以上两者特征的泉池则介于两者之间，用于中和“自然”与“人工”的衔接处。例如“溪亭泉”，西侧是规整的“珍珠泉”泉池，东侧则是模仿自然环境的假山，实现了与周边不同环境的融合与对应。

综上所述，在“四大泉群”泉池建设方面，基本遵从了中国古典园林的大背景。在“人工”与“自然”的关系处理方面，各种泉池形态在中国古典园林实践中都可以找到根源与依据。但是根据不同泉和周边环境的不同特性产生了灵活变化。为从自然形成的泉水过渡到人工建设的园林景观环境提供了必要条件。因此，在“四大泉群”所展示的众多物质特性中，泉池形态及相关建设，相对而言较为成功。

第三节　天人互泰：周边园林与景观的建筑研究

除了泉水本身的出露特征，以及围绕泉水产生的泉池建设之外，对“四大泉群”园林景观影响最为深刻的，是以泉水为核心的周边建筑。

首先是建筑对泉产生的视觉影响方面。在附近没有山体存在的环境中，体量较大的建筑往往决定了园林与景观的视觉中心。较高的建筑与植物一起占据了城市的天际线；在稍远的距离，人以水平角度观赏时，建筑的立面则比处于地面的泉池占据了视线范围内的更多面积。就以“四大泉群”为核心的园林与景观角度而言，建筑的作用不仅体现在其本身，更体现在其与泉水产生的关联。如前文所述，泉水本身作为无色无味的天然水体的一种，视觉表现对环境的依赖程度较高，其中包括了周边的建筑。总体而言，建筑的体量、色彩越丰富，对泉池影响越大；泉池水面越是宽阔、平静，则受周边建筑的影响越大。除视觉外，泉在地域文化背景方面同样影响着建筑的建设。

在建筑类型方面。“四大泉群”中的建筑从建设缘由上可分为以下三种情况。首先，人作为动物对水源的天然亲近，造成了亲水民居的产生。其次，天然泉水催生了古代人民的自然崇拜，造就了周边的祠庙建筑。最后，在中国古典文化和古典园林背景的共同熏陶下，造就了“四大泉群”中以欣赏泉为核心的园林建筑。民居与园林相融合，形成了宅园；祠庙与园林相融合，形成了祠庙园林。但由于历史上复杂的自然损毁、重建和用途变更等因素的影响，本研究将以“四大泉群”中的现有建筑作为研究目标，特别是对其中与泉的园林景观产生直接或间接联系的建筑进行研究。“趵突泉泉群”“五龙潭泉群”“黑虎泉泉群”中，围绕园林景观的建筑建设较为完整，且目的性明确（见表 3-8，图 3-11）。“珍珠泉泉群”没有形成围绕泉水产生的，完整的园林与景观建设体系，并且建筑多处于封闭状态，因此仅作参考。综合以上因素，以下将三处泉群中的建筑分为纪念性建筑和观景性建筑两个主要类型进行举例论述，以分析“四大泉群”园林与景观中的建筑特性。

“趵突泉泉群”“五龙潭泉群”“黑虎泉泉群”中现存的主要建筑及类型　　表 3-8

建筑类型	所属泉群			总计
	趵突泉泉群	五龙潭泉群	黑虎泉泉群	
宅园	万竹园，沧园，百花园，易安旧居	漪园，尽园	—	6
楼	白雪楼	—	—	1
堂	泺源堂，尚志堂，五三纪念堂，李清照纪念堂	—	—	4
阁	—	名士阁（潭西精舍）	虎泉阁，解放阁，清音阁	4
亭	观澜亭，爱荷亭，天尺亭，望鹤亭，五三亭	得月亭，寒玉亭，潜确亭，静观亭，渊默亭	对波亭，金虎亭，九女亭，双亭	14
桥	来鹤桥，大板桥	曲桥	琵琶桥，白石桥	5
榭	—	余乐榭，贤清榭	—	2
轩	叠翠轩	濂轩	五莲轩	3
祠、庙	—	秦琼祠，关帝庙	—	2
总计	17	14	10	41

注：建筑名录及建筑分类均来源于《济南泉水志》。

3.3.1　纪念性建筑

中国古典园林中的纪念性建筑，集中于寺观园林与祠庙园林之中。寺观概指佛教、道教的宗教场所。其功能为祭拜神灵，传播宗教教义。在传播宗教时，部分寺观园林衍生出为社会公共活动提供场所的功能（如庙会）。祠庙则指除了佛教、道教等有明确从属的宗教场所之外，其他具有祭祀功能的场所。其功能包括供奉本地崇拜的神灵（通常比佛教神灵、道教神灵更加具有地方性）；纪念对国家、地方有所贡献的帝王、

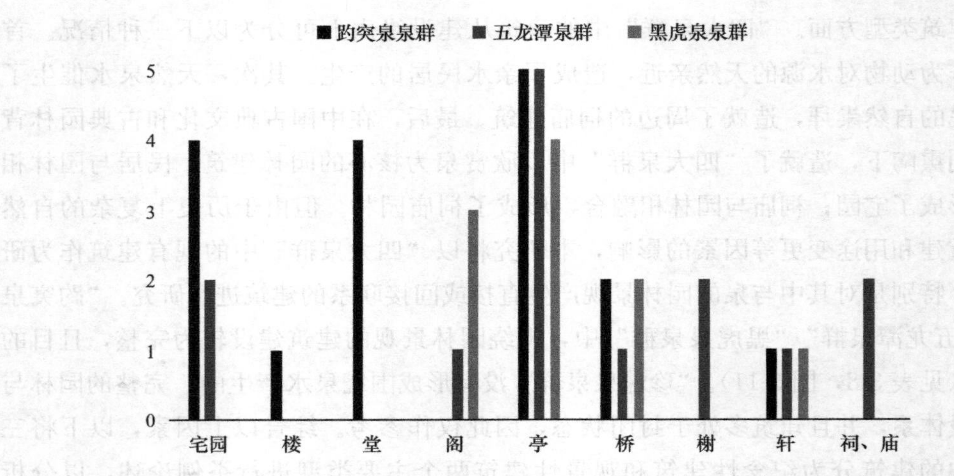

图 3-11 “趵突泉泉群”“五龙潭泉群”“黑虎泉泉群”中现存的主要建筑类型及数量

功臣、道德楷模；或是在文学、艺术等各个领域取得杰出贡献的人士。

在济南市“四大泉群”的人工建置的历史中，寺观的数量和规模，总体呈下降趋势。随着济南市的城市发展，追求自然风景与清净氛围的寺观退出城市，转而在城市郊野的山区寻求基址。与之相反的是，随着城市发展，受到历史积累、人口增多、市民阶层崛起等因素的影响，本地祠庙得到了蓬勃发展。在济南市“四大泉群”范围内就有众多祠庙，所供奉对象的身份也各有不同。其中包括圣人、功臣、名士等，呈现出较为明显的世俗化、本地化倾向（表 3-9）。

“四大泉群”周边的主要祠庙（部分） **表 3-9**

名称	纪念人物	类型	时代
府学文庙	孔子等儒家代表	圣人	春秋时期
铁公祠	铁铉	功臣	明代
秦琼祠	秦琼	功臣	唐代
稼轩祠	辛弃疾	名士、功臣	宋代
南丰祠	曾巩	名士、功臣	宋代
藕神祠	李清照	名士	宋代
娥英祠	娥皇、女英	圣人	史前时期

济南市“四大泉群”中现存的纪念性建筑，基本集中于“趵突泉泉群”与“五龙潭泉群”各泉水周边，并且历史悠久。由于不同历史阶段的破坏，与现代“趵突泉公园”的规划与建设，“趵突泉泉群”仅有“泺源堂”保留了相对于其他纪念性建筑而言较为原始的建筑及布局。其他纪念性建筑仅仅延续了历史上真实存在过的建筑名称，基址也与历史上真实存在过的建筑有较大差异。“五龙潭泉群”也存在相同情况，其纪念性建筑基本均为现代重新修建的，仿照古代风格的建筑。但两处泉群周边增建的仿古建筑，基本符合中国古代对不同结构、不同用途的建筑的命名，例如“堂、阁、楼、轩”等。在类型划分方面，除了“泺源堂”“秦琼祠”“关帝庙”三处具有古代祭祀属

性的祠庙之外，还有为纪念抗日战争期间为国捐躯的军民而建的“五三惨案”纪念堂。其他纪念性建筑，部分为古代民居的宅园，如“万竹园”“沧园”；或是模仿古代宅园的现代仿古建筑，如“易安旧居”。民居通常为中国北方民居经典的合院式建筑，其中包含多处独立建筑（堂、轩、亭等）和较多的园林建设（假山、奇石、雕刻、植物等）。部分仿古建筑继承了古代真实存在过的建筑的名称，根据其来源纪念相应的古代人物，如“白雪楼”（表 3-10）。

“趵突泉泉群”与“五龙潭泉群”中的纪念性建筑　　表 3-10

建筑名称	纪念人物/对象	建筑类型	建筑风格所属时代
泺源堂	娥皇、女英、尧、舜、禹等	祠庙建筑	明代、清代
秦琼祠	秦琼	祠庙建筑	唐代
关帝庙	关羽等	祠庙建筑	不详
“五三惨案”纪念堂	1928 年 5 月 3 日，被日军杀害的中国军人和民众	纪念建筑	不详
万竹园	李苦禅	宅园建筑	民国时期
沧园	王雪涛	宅园建筑	明代、清代
尚志堂	丁宝桢	纪念建筑	明代、清代
李清照纪念堂	李清照	纪念建筑	宋代
易安旧居	李清照	宅园建筑	宋代
白雪楼	李攀龙	观景建筑	明代、清代

1. “泺源堂”（前殿）

“泺源堂”位于“趵突泉”北侧，紧邻泉池。“泺源堂”见于记载的建设历史可追溯到宋代，由主政地方的曾巩主持修建。起初是为其他地区使者、官员居住所建的客舍，今为祭祀神仙和上古贤人的纪念场所。不同时期所供奉的神仙、人物各有不同。现为一处“二进合院”布局的明、清风格建筑群。“泺源堂”为最南端的第一座大殿，展示“趵突泉”历史典故和相关古籍。其后为第二座大殿“娥英祠”，祭祀上古时期舜的两位妻子——娥皇、女英，有将其作为“泺水”的水神之意。再后面为第三座大殿“三圣殿”，祭祀“三皇五帝”中的“尧”“舜”“禹”。如今合院暂时封闭，本研究仅分析对南侧“趵突泉”影响较大的“泺源堂”一处。

首先从整体建筑布局出发进行分析。“泺源堂”与北侧的“娥英祠”“三圣殿”，以及南侧的“趵突泉”泉池，对岸的碑廊，形成了完整的以中间线为轴，左右两侧对称的建筑格局。这也是中国古代建筑群组常用的一种布局形式，多见于较为正式的皇家建筑、寺院建筑之中。以“趵突泉”泉池为核心，东侧为“蓬山旧迹坊”，西侧为“观澜亭”。两处非对称建筑，在一定程度上打破了较为规整的“中轴对称”建筑格局。这为由较为规范整齐的建筑与泉池，向更大范围内的“趵突泉公园”所营造的自然的园林氛围进行过渡，作出了铺垫，使“人工”与“自然”之间产生了融合。

其次从“泺源堂”与“趵突泉”泉池的关系出发进行分析。从中国古典园林中的建筑作用而言，园林景观的视觉营造基本分为两个角度。其一是从外部视角出发，此时建筑处于“被观看”的角度，通常考虑其与外在环境的关系。其二是从建筑内部视角出发，此时处于“观看”外在环境的角度，周边的园林与景观建设成为被观看的内容（泉池中位于“观澜亭”两侧的石碑正面朝向“泺源堂”，也说明了“泺源堂”为整个空间的主要视点）。从“泺源堂”作为被观看的客体角度出发，最佳的观赏位置应当为处于同一轴线上的，泉池对岸的碑廊。从碑廊观赏“泺源堂”，中间方形的“趵突泉”泉池，增强了“泺源堂”作为祠庙建筑带给观者的庄严感受；“趵突泉”泉池中的三股泉水，则增加了作为祭祀水源地及神灵的场所的“泺源堂”带给观赏者的神秘感受。从将“泺源堂”作为观看外在环境的主体角度出发，“泺源堂”南向一侧宽阔的开敞结构，通过四根立柱将视觉可见的景观分为三个部分。中间为“碑廊”及三股泉水，左侧为“蓬山旧迹坊”，右侧为“观澜亭”。立柱与建筑上部的木质雕刻，以及泉池周边处于近侧的石质栏杆，三者相配合起到了“框景”的作用。镂空木雕与石雕栏杆，中和了方正的“框景”所带来的严肃感受，迎合了前侧三股泉水的天然与灵动。“泺源堂”前侧部分延伸至“趵突泉”泉池中，为观赏者提供了更为亲近三股泉水的观景位置。除此之外，“蓬山旧迹坊”“观澜亭”，与碑廊本身的通透结构，也为缓解规则整齐的建筑布局对园林环境的负面影响提供了条件。

2. “李苦禅纪念馆”（“万竹园·石榴院”）

“泺源堂”本身作为祠庙建筑与纪念性建筑的历史较为悠久。除“泺源堂”外，还有将从前作为民居建筑的宅园改为纪念馆的案例。包括“趵突泉公园”中的两处“园中之园”——“沧园”与“万竹园”。“沧园”作为“王雪涛纪念馆”；“万竹园”作为“李苦禅纪念馆”。李苦禅、王雪涛都为中国写意花鸟画家。其中李苦禅为中国近现代时期著名的花鸟画画家，先后师从徐悲鸿、齐白石。从民居建筑改为纪念性场所，所纪念的人物是否契合原本的建筑整体布局、风格与细部装饰等，需要细致考量。在发挥纪念性功能的同时，同样能够保护和展示传统民居。因此本研究将以“石榴院”（“万竹园”中改为“李苦禅纪念馆”的一部分）作为研究目标，以研究“四大泉群”中由其他类型建筑改造为纪念性建筑，及其展现出的园林景观的物质特性。

“万竹园”作为一处保存较为完好的民居，其前身贯穿了元、明、清多个历史时期。现存的建筑为民国时期地方军阀为自己建设的住宅。建筑布局为北方民居中典型的合院建筑，建筑风格基本采纳了中国北方民居的建筑风格，现存宅园则与中国古典园林稍有不同。

从建筑的整体布局而言，“万竹园”西南侧为集中的园林建设，东北侧为合院建筑主体。中国北方民居所采用的合院建筑无论是单体，还是组合，本身都具备“中轴对称”的特点。在中国古代建筑中，较为庄严、肃穆的场所，基本上采用了中线为轴、左右对称的整体布局，以及相同的单体建筑形式。建设者的初衷应当是通过建筑显示自身的财富和地位。现如今曾经的民居被改为了具有纪念性的展览馆，“中轴对称”的建筑格局同样契合展览场馆所希望表达的纪念性意涵。

建筑的风格更多地通过建筑结构和细部装饰表现出来，而作为背景，对于园林与景观产生影响的主要是建筑的屋檐与屋顶，墙面与门窗。“万竹园”墙面多采用青砖材质，显得较为朴素。在外裸露的房梁与立柱、门与窗，都采用了中国传统建筑常用的红色，装饰了绿色的镂空木刻。细部装饰方面，以“石榴院”为例，进入其中之前经过的几处大门，两侧都配置了石雕、砖雕、木雕。这也形成了“万竹园”的一大特色。雕刻内容都为在中国传统文化中具备吉祥意义的，传说中的神仙、神兽和现实中存在的动物和植物。植物配置方面，“石榴院”如其名称所示，内部种植了四株石榴树。植物的配置缓解了较为封闭的合院建筑所带来的压抑感受，能够根据季节天候产生丰富的景观变化。

通过以上分析可见，作为中轴对称的合院建筑，基本符合了通常纪念性场所带给人们的庄严肃穆感受，而作为朴素的民居建筑，则符合了李苦禅的平民出身。细部装饰中的以动物、植物为题材的吉祥纹样，则与李苦禅擅长的花鸟画题材相符合。不远处的“沧园”所纪念的画家王雪涛，同样擅长花鸟画题材。在两处具有园林化倾向的民居中，所纪念的人物都是以描绘自然中花、鸟为主要题材的画家。园林与绘画的联系，映衬了中国古典文化中，各个艺术门类之间存在的内在关联性。

综上所述，“四大泉群”周边建筑中较为严肃的纪念性建筑，纪念对象都是与本地存在联系的神仙或人物。建筑类型方面，包括专门表达纪念意义的祠庙建筑和由民居改造的纪念馆。两者都在符合中国传统建筑格局的基础上，不同程度贴近了内外的园林环境。不同的是“泺源堂”更加倾向以泉水为核心塑造景观上的视觉联系，这与其祭祀水神的初始功能相符合；“万竹园”则停留在同一文化背景下，崇尚自然的思想共识的联系，对周边泉水的关注和依赖并不深刻。

3.3.2 观景性建筑

“四大泉群”中的观景性建筑，不仅是园林与景观的重要组成部分，还承担着引导观者，为观者提供休息场所的作用。引导观者的作用中，包括引导观者的游览路线，和引导观赏者的观景视线的作用。因为导视系统的出现以及导向更为明显的地面铺装的使用，观景性建筑引导游览路线的作用被削弱。因此以分析“四大泉群”中的观景性建筑如何引导观赏者观景视线为主。

中国古典园林的观景性建筑，追求融入周边园林环境之中，而非独立出来。这使得“四大泉群”中各泉群的观景性建筑在处理与周边环境的关系时，表现出了三个不同倾向，各自迎合不同的空间特征。在更为偏向私家园林风格的“趵突泉泉群”与“五龙潭泉群”中，观景性建筑降低了自身与水面之间的高度差距。为观赏者观赏泉水涌动与泉池中的游鱼，甚至接触水面，提供了必要条件。在偏向皇家园林风格的“珍珠泉”中，建筑采用了“中轴对称”的布局，显得较为正式。石质栏杆与建筑都使观赏者远离水面，注重塑造皇家园林、官署园林较为严肃的整体氛围。“黑虎泉泉群”的观景性建筑，则继承了自然风景名胜区的观景建筑特征。特别是其中亭与桥的建设，利用各种方式丰富观赏者的相对位置，使之获得了更为开阔的视野。借鉴、缩摹了自然风景名胜区在面对大尺度山水时所采取的建筑策略。因此其观赏性建筑，相对位置与造型等相较其他泉群都更为夸张。当然也有个别体量较小的泉池采取了较为保守的建筑策略，例如“对波泉”等。

“四大泉群”中的观景性建筑，包括“亭”“桥”“轩”“榭”四种基本类型。以下将以“四大泉群”中存在的以上四种观景性建筑作为参考，分析“四大泉群”观景性建筑的特性。

1. 亭

以上分析提到，观景性建筑在处理其与周边环境，尤其是与泉水的关系时，“四大泉群”表现出了三个不同倾向。这同样体现在了“亭”的建设中。

计成在《园冶》中将“亭”解释为供游人停留、休息的建筑。在私家园林风格较为突出的“趵突泉泉群”中，最为著名的亭应当为“趵突泉”泉池西侧的“观澜亭”。虽然“观澜亭”所处环境中，其主体建筑“泺源堂”为纪念性较强的祠庙建筑，“观澜亭”本身也临近以“趵突泉”泉池为核心的轴线上，左右两侧的“第一泉”和“趵突泉”石碑，和入口处的“观澜”石碑，也增强了其纪念性，这些因素都削弱了其作为观景性建筑的原始属性，但从一些细节中仍然展现出了“观澜亭”作为观景性建筑而亲近水面的特征。包括其中的石质护栏兼具了供观赏者就座休息的功能；最外侧向水中延伸的台阶为观赏者提供了就座观景时对外的朝向，直接面向“趵突泉”的三股泉水。高度递减的台阶在适应不同泉池水位高度的同时，也为观赏者亲近水面提供了条件。

在兼具部分皇家园林、官署园林风格的“珍珠泉”中，位于泉池南侧正中的“浮玑亭”作为观景性建筑与其整体园林风格保持了一致。“珍珠泉”泉池作为典型的“方池”，具有以中线为轴，左右对称的特点，其规整形式奠定了周边园林的氛围基础。位于泉池南岸正中间的“浮玑亭”，也与泉池处于同一条南北轴线之上。泉池周围的石质栏杆，在“浮玑亭”邻水一侧得到了延伸，并且栏杆不存在供观赏者就座的功能。虽然“浮玑亭”面临泉池一侧，部分延伸至泉池内，以便为观赏者提供更近的观赏距离，但是其“悬浮”于水面之上，且未提供亲近水面的台阶，因此在亲水方面不如“观澜亭”。

在具有部分自然风景名胜区特征的“黑虎泉泉群”中，最具代表性的应是“九女泉”泉池旁边的“九女亭”。“九女亭”位于西侧规则整齐的步道，向东侧环境较为自然的“九女泉”与“白石泉”之间的过渡位置。这一位置，外在通过堆叠假山石的方式，由西向东提高了地面高度。“九女亭”如同处于自然风景中山体的临水一侧，暗示了自身观水的功能。从建筑风格角度而言，“九女亭”高度与宽度上略显夸张的比例，与北方雄浑的建筑风格有较大差异，使之视觉感受更加轻巧灵动。同时，“九女亭”也采用了北方少见的“翘角飞檐”，具有起伏较大的顶部曲线，更具南方建筑的特点。在濒临泉池与护城河交界的“叠石岸”一侧，“九女亭”开辟了第二个出入口，可供观赏者拾级而下，亲近泉水。整体都展现出鼓励观赏者纵情自然山水的倾向。

2. 桥

济南市“四大泉群”中的桥，根据所处环境和所跨越的河流、水渠宽度等因素的差异而有所不同，主要体现在风格、材质与规模等方面。表现在具体的泉群中，“趵突泉泉群”与“五龙潭泉群”多有园林建设，因此其中的桥具有较强的装饰性。“珍珠泉泉群”中的大多数泉，处于城市街区之中，因此周边的桥以实用性为主。仅有“珍珠泉”附近的桥较为符合园林中桥的特点。“黑虎泉泉群”中的桥，如前文所述，具有自然风景名胜区中建筑的特点。总体而言，偏向于园林属性的桥，适应了相对较小的水渠，规模通常较小。因为具备一定的装饰性，所以整体风格较为轻盈、灵动。以“黑虎泉泉群”为代表的，偏向于自然风景名胜区属性的桥，则适应了护城河较大的河面跨度，规模通常较大。装饰性方面，“黑虎泉泉群”中的桥相比其他泉群而言装饰较少，风格稍显朴素。

园林属性较强的桥，包括“趵突泉”泉池一侧的“观澜桥”。“趵突泉”泉水通过桥下水渠排出，最终流入护城河。“观澜桥”为规则石头砌成，桥身跨度和起伏较小。作为邻近“泺源堂”与“趵突泉”泉池的桥梁，“观澜桥”在栏杆上与周边有所不同。“观澜桥”的栏杆较为低矮，上方也没有柱头装饰，仅在桥头两侧有四处立柱拥有柱头装饰。原因可能是鉴于栏杆如果过高，与桥身比例不相协调，也有可能是为了创造更为开阔的视觉环境而刻意为之。“观澜桥”的石质栏杆还装饰了抽象的“浪花”浮雕，建筑风格小巧精致。除了“观澜桥”外，“趵突泉公园”内的其他桥，都服从于园林建设的总体风格倾向。“五龙潭泉群”中还有江南园林中经典的“曲桥”，形成了“曲桥观鱼”的典型景观。

“黑虎泉泉群”范围内的桥，最主要的有两处，分别为“琵琶桥”和“白石桥”。两者按照其所临近的泉水而命名，主要功能是方便游客、行人来往护城河两岸。因为护城河河面较宽，并且河面有游船通行，所以桥身起伏较大。两者都为中国传统的“单孔拱桥”形式。不同之处在于，“琵琶桥”为规则石材砌成，以镂空的石质栏杆作为装饰；“白石桥”为钢结构桥体，仅在形式上模仿了中国传统栏杆装饰。这与其西侧的“白石泉”不规则泉池所营造的氛围有所差异，视觉上不相协调。但“白石桥”采用了阶梯结构，人在通行时更为安全、省力。“琵琶桥”则随桥身起伏形成了坡道，坡度较陡，雨雪天气时通行存在安全隐患。“白石桥”更为倾向功能性的实现；“琵琶桥”更为倾向装饰性的实现。但两者都具备增加观赏者的观赏路线选择，以及丰富视角和视觉空间层次的效果。

3. “轩”“榭”

在计成《园冶》中，“轩”解释为高大且开敞的建筑；“榭”则解释为凭借风景而建造的建筑。周边风景有所不同，建筑的形式也随之不同。因此轩和榭并没有准确的建筑形式。在济南市“四大泉群”中，除了形式明显的亭、桥之外，剩余大部分观景性建筑都部分具备了以上轩、榭的特性。高大开敞的建筑形式，恰好是为了便于建筑中的观赏者获取对周边景色更佳的观赏效果。鉴于在“四大泉群”的观景性建筑中两者定位较为模糊，且功能有所重叠。因此将轩、榭合并分析。

“四大泉群”中被称为“轩”的建筑，特性最为鲜明的是“濂轩”。“濂轩”根据旁边的“濂泉”而得名，是一处形式较为严谨的仿古建筑。“濂轩”与北侧的“寒玉亭”通过廊道相连，同“濂泉”泉池一起，构成了一处风格明显的中国古典园林组合。但其南侧的环境氛围，相比较中国古典园林的氛围而言，表现出了更多现代景观的特性。整个空间较为开阔，泉水引入其中成为景观的主体要素，且泉水最深处仅有不足十厘米，吸引了众多家庭陪伴儿童在此戏水。设计者在一旁配置了三只青蛙组成的石雕小品，更加烘托了安享天伦的景观氛围。水中有“汀步”可供通行，“汀步”中间形成的狭小的空间，也通过挤压泉水的流动空间表现出了泉水流动的视觉效果。“濂轩”通过与地面石刻、周边古典园林环境的共同作用，维持了园林景观环境的整体基调。但“濂轩”面对的是一处互动性极强的泉水景观，所观之景又与古典园林有所不同，可以看出设计者的初衷与实际投入使用后的矛盾冲突。

“四大泉群”周边的建筑中，被称为“榭”的仅有“五龙潭公园”内的“余乐榭”。“余乐榭”南侧为“回马泉”，西北侧为“余乐池”。“余乐榭”介于两者之间，仿佛“漂浮”在水中，既是观景的亭台，又像通行的廊桥。表现在视觉效果方面，“余乐榭”周边基本全部被水面包围，仅有两条廊道相连。“余乐榭”所采用的方法，是将观赏者与外部环境隔离开来，从而将观赏者置于更为自然的环境中。这也是中国古典园林中观景性建筑常用的方法之一。除此之外，“余乐榭”古朴的装饰风格也能够吸引观赏者，使之与外在现代城市环境相隔离，更快融入“余乐池”所塑造的自然环境之中。

济南市“四大泉群”的周边的观景性建筑，在作为观景时的主要视点（“看”）和作为观景时的客体（“被看”）之间，更为倾向于作为被观看的客体存在。这与两个因素相关：首先是环境因素，“四大泉群”所塑造的园林与景观整体尺度较大，其面积总和几乎与济南明代时期的城市规模相当，园林中的建筑配置不足以承载大量的游客。其次是文化背景因素。中国古典园林后期的园林建筑，大部分追求小巧精致。“四大泉群”中的建筑，基本继承了明代与清代园林中的建筑风格，内部空间有限。另外，因为兼有丰富的水体景观，而多借鉴江南园林建筑特点，使建筑的体量进一步缩小。较大范围的园林与景观，与追求精致灵巧的园林建筑相融合，存在一定的矛盾。考虑到泉水的景观特征，尤其是作为核心的出露特征，适宜在较近的距离进行观赏。这使得观景性建筑与周边园林景观的关系构建变得更加复杂。在面积较大的公园中，构建相对封闭的“园中之园”是一种解决矛盾的途径。但这一方法对于旅游高峰期时管理者对观赏路线的规划和游客的接受与否提出了新的问题。

综上所述，纪念性建筑与观景性建筑分担了不同职责。纪念性建筑更多地承接了地方的人文历史，体现出了城市的历史发展脉络。如纪念哺育城市的水源（“泺源堂”）；纪念抵抗外族入侵而牺牲的军人与市民（“‘五三惨案’纪念堂”）；纪念花鸟画艺术家（“李苦禅纪念馆”）。观景性建筑在突出泉水的园林景观特征的同时，使之融入了中国古典园林的背景之中，令“人工”与“自然”产生了融合。因此，济南市“四大泉群”园林与景观中的建筑，兼顾了地域性、文化性、历史性、纪念性、观赏性等多重特点。

第四节　情景交融：周边园林与景观的装饰研究

在泉水、泉池及周边建筑之外，对“四大泉群”园林与景观产生重要影响的，还包括雕塑、铺装与植物。以下将对三者进行举例分析。

3.4.1　雕塑

济南市“四大泉群”园林与景观中的雕塑，按照所处位置，可以分为依附于建筑的雕塑和独立建置的雕塑。按照风格倾向，可以分为传统风格和现代风格。

中国古典园林是典型的自然式园林。在中国古典园林遗存最多的中后期园林中，雕塑在应用的位置、装饰的功能、材质的选择、题材的表达等方面都有自身的特点。雕塑往往出现在人工建设程度最高的建筑中，依附于房屋的横梁、立柱、栏杆、砖、瓦、门、窗等建筑构件，起到装饰作用。材质选择方面，通常根据所处建筑部件，采取与其相同的材质。少量出现在除建筑以外的园林环境中。题材方面，多以神仙、圣人、帝王、功臣、民间传说为主，宣扬道德或是祈福、避祸。因为主题明确，所以雕塑往往被放置于建筑内部，同文字、壁画等共同起到“点题”的作用，而较少出现在室外环境中。中国古典园林发展至中后期，雕塑出现了两种趋向。在继承传统的文人审美主导的园林中，雕塑的题材、材质、工艺等仍然是较为隐晦与粗放的。但是在新兴的市民阶层修建的市井园林中，审美出现了世俗化倾向，雕塑从题材、材质、工艺、颜色等方面，更加趋向直白、开放与精致。这与传统园林中重视自然、排斥人工的主张产生了一定分歧。“趵突泉公园”中的“万竹园”修建于近代，即体现了中国古典园林后期私家园林的市井化特性。现代以来，“四大泉群”的建设被赋予了更多现代城市公园的属性，因此多有现代艺术风格的雕塑作品出现。其中以现代艺术家韩美林创作的“双虎”雕塑体量最大，并且风格倾向明显。因此本研究将以“万竹园”中的雕塑，与韩美林的“双虎”雕塑为研究对象，研究“四大泉群”园林与景观中的雕塑特性。

1.“万竹园”系列雕塑

“万竹园”内的系列雕塑，包括石雕、砖雕、木雕三种类型。因其精湛的雕刻技巧和其所塑造的生动形象，被称为“三绝”。所在位置方面，石雕多位于院门或桥头两侧独立放置，或作为建筑的柱基装饰；砖雕在院墙的四周及中心位置；木雕在门、窗四周及中心位置。这三者都起到了装饰作用。题材方面，以历史、山水和抽象图案为主，多表达伦理思想和吉祥寓意。植物方面包括梅、兰、竹、菊、松等。动物包括大象、狮子，神话传说中的麒麟等。人物则多为文人、孝子、英雄等历史人物或代表吉祥寓意的神仙形象，还有其他静物如瓷瓶等形象。这些都受到了儒家思想、风水学说等传统文化的综合影响，未就周边与内部的泉水园林景观特点形成创新样式，相对独立，历史积累有限。

2. “双虎”雕塑

“双虎”雕塑位于“黑虎泉”东侧。据《济南泉水志》记载，由韩美林在 1992 年设计完成，东侧为花岗石雕刻而成的“黑虎”；西侧为铜铸造而成的“金虎”。每座雕塑均为 7.9 米长，3.7 米高。其中“金虎”重约 8 吨，为世界上最大的铜铸老虎。雕塑根据附近“黑虎泉”和“金虎泉”如何形成的民间传说创作而成。

“双虎”雕塑为“四大泉群”周边最大的雕塑。北侧为护城河，南、北两岸均为人工建设的园林景观环境，具有极强的中国古典园林特征。“双虎”前较为规则、整齐的小型广场，铺陈了自然式园林中常用的假山石，但仍显露出现代景观的风格影响，使北侧的古典园林环境与南侧的现代景观环境产生了过渡与融合。从雕塑本身而言，“黑虎”所采用的花岗岩材质更接近传统园林中的石刻；“金虎”使用金属铸造，则更有现代景观的特性。两座雕塑在现代艺术风格与汉代时期的雕塑风格之间找到了平衡，颇为质朴、雄浑。周边的假山石与植物配置，也消弭了雕塑与园林景观环境的冲突。雕塑的细节装饰方面，表现老虎身体的条纹与表现水流动而产生的波浪纹非常相似，暗示了雕塑与泉水之间的关联。无论雕塑还是场地环境都与周边自然环境与人文环境进行了融合。

在济南市“四大泉群”周边的雕塑中，建筑内部的雕塑未对周边泉水园林景观产生足够关注，园林景观中的雕塑则充分迎合了泉水园林景观环境，普遍倾向于更为形象的风格，而非抽象的风格。中国古典园林倾向的雕塑，更注重融入环境，烘托氛围；现代风格的雕塑则更加倾向于独立于环境，从而点明主题。在“四大泉群”周边园林景观中，雕塑虽然在数量与体量方面并不突出，但是题材往往与相邻的泉水及其园林与景观有紧密的视觉联系或文化联系，从而产生“点景”的作用。因此，其重要性仅次于泉水、泉池和建筑，具有古代与现代并存，视觉与文化相融合的特性。

3.4.2 铺装

济南市“四大泉群”周边铺装，基本集中于“趵突泉公园”“五龙潭公园”，与“环城公园”黑虎泉景观段内。其中以“趵突泉公园”与“五龙潭公园”中的铺装类型最为丰富，可参考的样本类型与数量最多。因为“珍珠泉泉群”主体部分没有形成完整而系统的园林景观环境，因此对其铺装情况不予分析。

在《园冶》中，计成将地面铺装单列成一部分，称之为“铺地”。他所主张地面铺装的基本原则与其主张的园林建设的总体原则相似，两者都主张遵循环境变化而变化，不同的位置有不同的处理方法。《园冶》主要列举了三种地面铺装方式：“乱石路”“鹅子地”“冰裂地”。“乱石路”主张用形状不一致的小型石块堆叠路面，较为坚固耐用，排斥表现花纹。“鹅子地”则主张用大小不一的鹅卵石铺地，用砖块瓦片拼出图案，再镶嵌鹅卵石形成图案。但反对组成形象的动物形象，而是推崇抽象图案。“鹅子地”坚固耐用程度不如“乱石地”，适合铺在人不常走动的位置。“冰裂地”则是以相对规则、平整的石板或方砖拼合而成，其间隙形成冰块碎裂一样的花纹，适合用在山、水旁侧的平坦处，或建筑附近，材质选择上以破碎的方形砖块为佳。另外还有种种以方形砖块拼出的“砖地”。总体而言，接近人工建置诸如建筑的旁边，铺地的形式和材质的选择，也偏向选择人工痕迹较为明显的形式与材质。接近自然风景的环境，则采用更为自然的形式与材质进行地面铺装。本研究将以此为标准，分析两处建置完整的泉水公园，一处侧重古典园林环境，一处相比较而言更加侧重现代景观环境，以总结“四大泉群”中的铺装特性。

1. “趵突泉公园”

“趵突泉公园”相对其他三处泉群及其公园而言，铺装最为考究，更为接近于《园冶》所述的中国古典园林后期的铺装标准。以下结合铺装种类、相近环境，对不同铺装类型进行分析。

单一使用“砖地”的类型。这一类型多见于以建筑为主体的环境中。建筑环境的构成包括堂（尤其是入口处，例如“‘五三惨案’纪念堂”）、坊（如“蓬山旧迹坊”）、桥（如“步青桥”），以及具有纪念性色彩的主题广场（如“名泉区”）等。周边建筑都为纪念性建筑（“‘五三惨案’纪念堂”“泺源堂”等）。泉池都为规则形泉池（“趵突泉”“皇华泉”“柳絮泉”“金线泉”等），以石质栏杆作为装饰。整体环境氛围侧重规整、严肃。从实用性角度而言，“砖地”在所有铺装类型中最为坚固。因此，仍然是人流量较大或使用频率较高的场所，在进行地面铺装时最为合理的选择。

单一使用“冰裂地”的类型。这一类型多见于以古典园林为主体的环境中，周边没有建筑或数量较少。园林环境的构成包括假山（“马跑泉”旁假山步道）与铺装、植物；或是泉池都为叠石围绕的不规则形泉池（“石湾泉”与“湛露泉”）。池岸建设方面，使用假山石堆砌泉池的一侧，另一侧采用“叠石岸”。整体氛围较为自然、轻松。区别在于，人工建设程度更低的“马跑泉”周边假山间的步道使用的“冰裂地”，是以不规则的石板拼接而成，间隙较大，石板的间隙以泥土进行填充。“石湾泉”与“湛露泉”之间有人工放置的石桌、石凳，远处有“白雪楼”。此处人工建设程度较高，人流量较大，使用频次较高，“冰裂地”的石板相应更加完整，间隙较小，且以水泥进行填充。相较于“砖地”的使用环境，使用“冰裂地”的环境，人流量相对较小，使用频次相对较低。

单一使用"鹅子地"的类型。这一类型较为少见，多位于园林氛围更加浓厚的园林环境中。园林环境包括假山、植物等，建筑往往距离更远。泉池都为叠石围绕的不规则泉池。最为典型的是位于"无忧泉"东侧，临近水面的位置。这一区域以不同大小的卵石作为地面铺装的主要部分。其中以少量的瓦片镶嵌，组成"花"及"铜钱"的装饰图案。瓦片对卵石起到了一定的加固作用。地面可以看到明显的水泥加固痕迹。

复合使用"砖地"与"鹅子地"的类型。这一类型多见于建筑环境与园林环境过渡的地带，如"白雪楼"与"石湾泉"之间的地面，即规则整齐的建筑与自然倾向的不规则泉池之间的过渡位置。以人工烧制的瓷质砖块拼出抽象的"白"字，以鹅卵石镶嵌周边作为背景。"点题"的作用较古典园林更为明确，表现出了一定的现代景观特性。另外一处为"登州泉"泉池旁边的地面铺装。"登州泉"为"趵突泉公园"中最具现代景观建设特点的规则形泉池，方形砖块与卵石形成了整齐、重复的抽象图形，以方形砖块的规整边界限定卵石位置。其中的卵石，通过改变组合方式，形成了多种不同的图案，在"不变"中求得"变化"。泉池与地面铺装，两者都内涵了"阴"与"阳"、统一与对立的文化内涵；于外在则表现出了极强的现代景观特性。

复合使用"冰裂地"与"鹅子地"的类型。这一类型多见于园林环境中。例如以不规则泉池进行建设的"酒泉"的南岸，远离白雪楼一侧。园林环境包括假山、汀步、植物等。泉池都为叠石围绕的不规则泉池。具体建设方面，以"冰裂地"为主体，步道或开阔处的中心位置则以"鹅子地"形成带状装饰。"鹅子地"带状装饰的中心位置，以相对整齐的，弧形边界的"方砖"进行装饰。此种"方砖"并未整齐排列使用，而是间隔了较多的"鹅子地"，组合而成起到了装饰作用。在材质与颜色方面，也与"冰裂地"产生了差异。

由上可见，"趵突泉公园"的铺装，基本分为单一型和复合型。由单一类型构成时，"砖地"与"冰裂地"单独使用的最多。其中"砖地"多单独用于建筑为主要构成的环境中；"冰裂地"多单独用于园林为主要构成的环境中。"鹅子地"单独使用的情况最少。由复合类型构成时，以"冰裂地"搭配"鹅子地"，与"砖地"搭配"鹅子地"两种情况最多，多用于园林环境。其中"砖地"与"鹅子地"的搭配，多被用于侧重现代景观风格的环境中。极少有以"砖地"搭配"冰裂地"的情况，或是对其中一方进行较大改变，或是间以"鹅子地"，例如"酒泉"南岸的地面铺装。在"趵突泉公园"中未见"乱石地"，可能与人工建设程度较高，游人数量较多，密度较大等因素有关（表 3-11）。

"趵突泉公园"（"趵突泉泉群"）部分位置的铺装类型及周边主要环境类型　表 3-11

铺装类型	所处位置	主要环境类型
"砖地"	名泉区（主题广场）	建筑环境
"砖地"	"趵突泉"周边	建筑环境
"冰裂地"	"马跑泉"周边	园林环境

续表

铺装类型	所处位置	主要环境类型
“冰裂地”	“石湾泉”与“湛露泉”东岸	园林环境
“冰裂地”为主，“鹅子地”为辅，间以方形砖块	“酒泉”南岸	园林环境
“砖地”“鹅子地”相间	“登州泉”周边	泉池建设为现代景观趋向，周边为园林环境
“砖地”“鹅子地”相间	“白雪楼”与“石湾泉”	一侧为建筑环境，一侧为园林环境
“鹅子地”	“无忧泉”东岸	园林环境

2. “五龙潭公园”

“五龙潭泉群”所在的“五龙潭公园”建于20世纪80年代中期，晚于“趵突泉公园”（建于20世纪50年代中期）。时值改革开放初期，受西方文化影响，园林景观建置呈现出较多现代景观风格的倾向。

总体格局方面，“五龙潭公园”中的泉水多位于西南侧，因此围绕其产生的中国古典园林风格的建设也集中于西南侧。泉水较少的东北侧，则采用了较多现代景观风格的设计方式，由大面积的人工草地、树林，与砖、石铺就的规则步道组成，整体空间氛围较西南侧更为开阔。

园内铺装方面，除了少量采用了中国古典园林风格的铺装之外，大部分为现代景观风格趋向的铺装。因此分别结合周边环境，对其地面铺装进行举例说明。

首先，对“五龙潭公园”南门进入泉水聚集区域的步道进行分析。“五龙潭公园”南门西侧的步道，周边是较为典型的古典园林环境。步道前端，连接了自然山石铺成的叠石“桥”。地面铺装方面，采用了中国古典园林中的“冰裂地”与“乱石地”相结合的形式。材质方面与古典园林不同，采用了不同大小、颜色的瓷质方砖。图案也并非古典园林中常用的吉祥纹样，较为抽象。因此具有古典园林与现代景观结合的特性。

其次，对泉水、泉池相对密集的位置进行分析。这一区域包括“七十三泉”“潭西泉”“青泉”。“七十三泉”与“潭西泉”周边都为规则的方形砖石铺成，形式与材质较为单一。“青泉”周边铺装则略有变化：在以方形砖块为主体的铺装中，间隔了以卵石填充的菱形装饰块，卵石的间隙以泥土进行填充。其中用瓦片拼接成了圆圈、花草等装饰图案，并非传统的古典园林铺装所采用的纹样。在维持整体性的基础上，又在细节上产生了丰富的变化，在古典园林与现代景观之间进行了平衡。

再次，对作为“五龙潭泉群”主要泉水的“五龙潭”周边铺装进行分析。“五龙潭”的泉池、池岸同时以人工和自然两种风格倾向进行了建设。人工风格倾向的池岸以规则齐整的石块进行堆砌，以石质栏杆进行装饰，道路铺装也跟从池岸的风格，以规则齐整的砖石铺装。自然风格倾向的池岸以假山石进行堆叠，步道铺装则被分为两个部分进行处理。贴近池岸与假山石的一侧，以鹅卵石作为主体和背景，以破碎的瓷质砖块构成不同的抽象图案。远离池岸的位置以规则的方形砖、石铺设。如果步道另一侧接近绿地，则也有鹅卵石为主要材质的装饰性铺装。整体而言跟从了周围环境的变化。

最后，对“五龙潭公园”东北侧，侧重于现代景观风格的部分进行分析。这一部分远离了泉水与泉池的聚集区，步道及周边环境较为平整、开阔，部分具有古典园林风格，材质方面依然以砖石、卵石、彩色瓷砖与瓦片为主，组合形式有三种。路面较宽敞的步道，分为两种情况：一种是单独以规则方形砖石铺设；另一种是以“卵石—砖石—卵石—砖石—卵石”的形式进行铺设，边沿有规则的条石用于分隔草地。其中，处于正中的卵石部分，利用瓦片拼合成纹样进行装饰。处于两侧的卵石部分，以破碎的彩色瓷砖，拼合成动物纹样（例如“龙”）或抽象图形（例如“方形”）进行装饰。在路口处，还有彩色瓷砖与卵石组成独立、完整的装饰图案。除以上两种路面较宽的步道铺装形式之外，还有以卵石为主的铺装方式。这种铺装方式用于路面较为窄小的步道中，装饰纹样更为灵活、复杂，卵石作为装饰的主体，规则方砖成为装饰的点缀。

综上所述，以“趵突泉公园”“五龙潭公园”为代表的“四大泉群”地面铺装，兼备了中国古典园林与现代景观设计两种风格。“趵突泉公园”中的地面铺装基本遵循了中国古典园林的风格，形式与材质大部分都可以在中国古典园林理论与实践中找到渊源。少部分采用了现代景观的设计方法。“五龙潭公园”则在形式和材质上进行了突破：形式方面，单一步道中以多种材质相互组合，形成丰富变化；材质方面，采用了大量的彩色瓷砖作为装饰素材。与“趵突泉公园”侧重于观赏性与纪念性不同，“五龙潭公园”中的地面铺装与其他相关园林景观建置相结合，增加了园林景观与人之间的互动。

3.4.3 植物

在对济南市“四大泉群”园林与景观中的植物进行研究之前，应当分析园林与景观中植物相关概念的异同。

中国古典园林角度。人类通过人工种植植物以获取果实被视为园林的起源之一。皇家园林中常常包括皇帝收集或由大臣供奉的各地珍贵而稀少的动物、植物。文人则在对自然的探索中加深了对植物的了解与喜爱。由此在受文人审美影响的园林中，文人对植物的喜爱得到了继承，植物成为构成园林的主要因素之一。在具体成景方面，通过植物受到四季变化等因素的影响，形成了丰富的经典景观，以及以植物景观命名的建筑。这些景观通过视觉、听觉、嗅觉等角度得以实现（表 3-12）。在种植方式上，彭一刚列举了中国古典园林中常用的两种植物种植形式：单独种植（“点种”）与成组种植（“丛植”）。单独种植通常指乔木的种植，适宜较小的空间。在单独种植时，乔木围绕建筑物的内外起到了两种作用：一种是在建筑物外侧时，乔木作为建筑物的陪衬，以建筑物为核心；另一种是在被建筑物包围的小型园林中，乔木则是作为点缀，消弭空间的闭塞感受。两者的共同点在于削弱建筑物带来的人工、规整气氛，增添自然的气氛。成组种植方面，则在较前面更大的空间中实现。在被建筑物包围的更大的园林空间中，主张以多株乔木在空间中的不均衡排布进行组合。在种类、数量、大小、相对位置方面产生差异。当园林空间进一步扩大时，乔木开始搭配灌木成组种植，两者对比形成丰富变化（表3-13）。在更为大型的园林中，单一品种的乔木，有时也搭配少量其他树种进行较大规模的种植，以模仿自然中树林的感受。除了塑造自然氛围之外，在视觉上，植物还有增加空间层次，或是限定空间的作用。

《中国古典园林分析·花木配置》中与植物有关的部分经典景观或建筑　　表3-12

	主要景观感受								
	视觉感受			听觉感受			嗅觉感受		
景观（或建筑）名称	金莲映日	枇杷园	梨花伴月	听雨轩	留听阁	万壑松风	闻木樨香	雪香云蔚	远香溢清
植物构成	莲	枇杷树	梨树	芭蕉	荷	松树	桂树	梅树	荷
所属园林	避暑山庄	拙政园	避暑山庄	拙政园	拙政园	避暑山庄	留园	拙政园	拙政园

注：景观（或建筑）名称、主要景观感受均整理自彭一刚《中国古典园林分析》。

中国古典园林中乔木与灌木搭配时的空间顺序与视觉感受差异　　表3-13

	空间顺序		视觉感受	
	主要	次要	稀疏	浓密
乔木	√	×	√	×
灌木	×	√	×	√

注：乔木、灌木的空间顺序、视觉感受均整理自彭一刚《中国古典园林分析》。

现代景观角度。诺曼·K. 布思在《风景园林设计要素》中，将处于室外环境中的植物的功能分为三种：“建造功能、环境功能及观赏功能。”建造功能是指植物能够充当“限制和组织空间的因素”，作为观赏者的视觉导向，“植物的大小、形态、封闭性和通透性也是重要的参考因素”；环境功能包括净化空气、保持水土、涵养水源、调节气候；观赏功能是通过“植物的大小、形态、色彩和质地等特性，而充当景观中的视线焦点”。他所提到的建造功能与观赏功能，其内涵与彭一刚对中国古典园林中植物配置的分析基本一致，区别在于基于现代科学衍生出的环境功能。

植物学作为生物学的一个分支，在对不同植物进行区分时，具有较为复杂的标准。在进行济南市“四大泉群”周边的园林与景观构建时，植物的选择方面仍以视觉感受为主，嗅觉感受与听觉感受为辅。因此本研究以对视觉感受中占据主要地位的木本植物、草本植物与藤本植物的研究为主；视觉感受中占据次要地位的藻类和苔藓植物为辅，因为数量较少，所以仅在必要时作补充说明。鉴于视觉感受是整体环境所带来的整体感受，因此分析植物对园林与景观的影响时，以实景展现出的整体感受为主。对于听觉与嗅觉上产生影响的植物，及其与周边园林与景观的成景关系，必要时进行补充说明。

济南市“四大泉群”中，植物的运用与其周边环境息息相关。因此，将根据占据环境的主体要素区分环境的类型，以便对植物在园林与景观中的特性进行研究。环境类型包括以下五种类型：泉水环境、假山环境、河道环境、建筑环境，以及单独由植物所构成的园林或景观。

1. 泉水环境

“四大泉群”的园林与景观大多数围绕泉水形成，或有泉水的深度参与。因此在对不同环境中的植物进行研究时，首先研究植物在泉水环境中的作用。根据泉池类型的区别，可以分为植物在规则形泉池中的作用与不规则形泉池中的作用。根据植物的生长位置，可以分为植物在水岸环境、水面环境与水下环境三种环境中的作用。

在规则形泉池环境中，植物在水岸环境、水面环境中的作用较为重要，水下环境中的作用较为次要。规则形泉池的建设，通常尺度更大，并且更加偏向于人工建设的气氛，因此植物配置也偏向于单一乔木的种植。在规模化种植之后，成林的乔木在水岸环境中形成了屏障，在水面上产生了倒影。屏障作用塑造了相对独立的园林景观环境，倒影增加了视觉上的丰富程度。较大的水面面积与较深的水深，增加了观赏者与泉池任意一点之间的距离，同时也降低了尺度较小的水底植物的作用。水底植物仅对水体颜色产生一定影响，无法成为视觉景观的主体。在“趵突泉”中，因为水面波纹打乱了水面的完整成像，周边的柳树仅起到了屏障作用。在“珍珠泉”中，在屏障作用的基础上，柳树在水面形成了倒影。这时的倒影距离观赏者较远，因此重点在于柳树成林后形成的轮廓，而较为缺少细节。

在不规则形泉池环境中，植物在水岸环境中的作用降低。基本通过各种不同类型的植物的混合栽植，塑造自然氛围，泉池的核心地位不甚明显。因为水面面积的减少，观赏者与泉池任意一点的距离相对较近，因此植物在水面的作用与水底的作用成为主要作用。光线照射强烈时，水岸上的植物在水面形成倒影，例如“琵琶泉”，但远不如大型水面配合规律种植的乔木成像更为完整；光线照射较弱时，底栖植物代替水面倒影形成新的视觉主体，例如“白石泉”。两者融合时，水岸上的植物（通常为乔木）与底栖植物在视觉上相互交错，难以区分，形成了迷幻的视觉效果。

2. 假山环境

假山在园林与景观中所起到的作用，主要表现在两个方面：一方面在于塑造视觉感受，另一方面在于塑造地形起伏。植物在配合假山塑造视觉感受时，同样在于两个方面：一方面是对视觉范围外的景物进行遮蔽，塑造静谧的独立环境；另一方面是对视觉范围内的环境进行点缀。在塑造地形起伏时，植物的作用则在于限定视觉与触觉的空间范围。在“马跑泉”附近的步道中，两侧的假山上布满灌木，起到了屏障作用。植物在封闭空间的同时，维持了一定程度上的通透感受。在“易安旧居”中，通过假山的堆叠，塑造了多个层次的落水景观。植物的穿插丰富并强化了视觉层次。避免了单独使用假山石时，因为相同材质在视觉上难以区分，而产生不同视觉层次之间“粘连”的视觉感受。在进行植物选择时，与较大尺度的乔木的枝叶大小、形状相类似的灌木得到了使用。这起到了中国古典园林中“缩摹自然、以小见大”的效果。

3. 河道环境

济南市"四大泉群"中的河道环境，可以分为两种：一种是园林内部，用于疏通泉水的水渠；另一种是相对独立于诸公园园林环境之外的护城河河道。在为园林内的水渠、河道配置植物时，根据周边园林环境，着重塑造贴近自然的气氛。因此植物的种类较为丰富，种植较为密集，形成了丰富的景观层次。例如"趵突泉公园"中的"枫溪"，乔木的间距基本一致，不同树种之间间隔种植，但在临河位置种植了密集的灌木。两者形成了相对封闭的河道内环境。甚至在临观景建筑的河道中心还种植了荷花。植物的布置，以塑造贴近自然的环境氛围为核心。在沿护城河两岸而建的"环城公园"黑虎泉段中，河道作为景观主体对两岸进行了分隔。在较之水渠更为广阔的视野范围中，乔木成为景观中除河道外的另一主体。北岸，在以"白石泉""九女泉"（均为不规则形泉池）为核心的自然氛围浓厚的园林环境中，乔木的种类较为丰富；南岸，在以"玛瑙泉""黑虎泉"等（均为规则形泉池）为核心的，人工建设氛围浓厚的园林环境中，乔木的种类较为单一，种植方式也较为规律。乔木在护城河的河道环境中，视觉上对外在城市环境起到了屏障作用，这使河道成为相对封闭、独立的园林景观空间。乔木在河道中产生的倒影，丰富了河道景观的视觉层次。

4. 建筑环境

建筑中的植物，其作用根据相对位置的不同而有所不同。分别为建筑物内部与建筑物外部。在建筑物外部时，通常为单独种类的乔木进行重复种植，目的是形成独立的景观空间。乔木作为衬托建筑物的"背景"而存在，例如"泺源堂"与"虎泉阁"。"泺源堂"在园林环境中，将植物（柳树）与泉水作为背景，成为视觉的核心。这与其纪念性建筑的地位相符。在位于对岸的观赏角度时，"虎泉阁"则是依靠前方临近护城河两侧种植的柳树之间形成的缺口，衬托了自身与下方的"黑虎泉"泉池，在观赏者视觉中形成了核心。

在被建筑物环绕内部时，植物在有限的空间内，在视觉角度占据了更为重要的地位。除了视觉方面的点缀作用、屏障与通透的作用之外，还有听觉与嗅觉方面的作用。由于处于中国古典文化背景之中，建筑物内部的植物，在种类选择时更为谨慎。因此建筑物内部的植物配置，还具有相当的文化含义与象征意义。

在"易安旧居"中，碑廊的一侧种植了竹子与芭蕉。在视觉方面，两者与右侧的廊道墙壁一致，都起到了屏障外部空间的作用。竹子与芭蕉产生的缝隙，与廊道墙壁的花窗一致，都起到了使空间通透的作用。除了使空间产生闭合而通透的视觉作用之外，竹子与芭蕉还是中国古典园林塑造声音景观时惯用的植物。即通过风雨等对竹子与芭蕉的摇晃、击打产生声音景观。除了景观作用，竹子与芭蕉还具有文化含义与象征意义。竹子常用来比喻文人高尚纯洁的品格，"易安旧居"所纪念的是宋代词人代表之一李清照，芭蕉也曾出现在李清照的文学作品中："窗前谁种芭蕉树，阴满中庭。阴满中庭。叶叶心心，舒卷有余情。伤心枕上三更雨，点滴凄清。点滴凄清。愁损北人，不惯起来听。”（李清照《李清照词集》）前半段书写了芭蕉种植于庭院中间，所形成的视觉景观；后半段书写了夜晚时雨滴落在芭蕉叶上，所产生的声音景观。因此“易安旧居”中的植物搭配暗合了词人的作品，有点明、强化空间主旨的作用。

在“万竹园”的“石榴院”中有四株石榴树，庭院也因此而得名。它们在种植位置的选择上，与前文所述的中国古典园林中对植物种植的位置要求有所不同。四株石榴树形成方形的格局，与庭院的方形格局相一致，这违背了古典园林自然取向的审美要求。但石榴树的弯曲的枝干，在平衡中产生了变化，打破了“合院”建筑严肃的气氛。石榴树也具有祈福辟邪的文化含义。在有“望水泉”的临近院落中，水中的莲花与莲叶漂浮于水面，成为视觉的中心。周边人工种植或自行生长的植物，一定程度上打破了“合院”建筑严肃的气氛。莲花既是园林中常用的观赏花卉，同时也具有丰富的文化含义。

5. 独立成景

植物独立成景的案例，最为典型的是处于“珍珠泉泉群”范围内的“百花洲”。“百花洲”以一处面积较大的水池为景观核心，四周栽植柳树，水池中心栽植了大片荷花。规模化栽植的柳树起到了屏障的作用，为独立的景观空间提供了背景，宽阔的水面塑造了具有通透质感的景观空间。大片栽植的荷叶通过相近的颜色，与远处的柳树形成了呼应效果。荷花通过自身明亮的色彩，在其中成为点缀。水池中喂养的鸭、鹅，在视觉方面形成动态的点缀效果，也提供了声音景观。同时为观赏者与景观之间的互动提供了条件。

综上所述，济南市“四大泉群”园林与景观中的植物，具备以下特性：植物与环境的配合、植物种类选择与种植的密集程度方面。在着重表达自然氛围时，植物的种类较多，密集程度较高且层次丰富；在着重表达人工建设的氛围时，植物的种类较为单一，密集程度较低且层次单一。随着园林景观空间范围的扩大，植物的种类选择并未随之增加，甚至呈现减少的趋势，以维持整体的园林景观效果。在空间范围较小的园林景观中，植物的种类反而较为丰富。其中部分受到了视觉方面“近大远小”因素的影响，灌木代替乔木在较小空间范围内塑造了缩摹自然山水的效果，展现出中国古典园林的优势所在。济南自古以来就有“家家泉水，户户垂杨”的城市园林与景观特征，也有对联对此进行概括，即“四面荷花三面柳，一城山色半城湖”。因此柳树与荷花的特殊地位，在“四大泉群”的园林与景观中也得到了继承，较为常见且数量较多。假山石与建筑物在质感上是坚硬的，而水在质感上是柔弱的。从中国古典园林追求自然的角度而言，坚硬与柔弱之间，强烈而直接的对比是非自然的。植物兼有枝干的坚硬与叶子的柔弱，能够在两者之间产生适当的过渡。

第四章
济南市“四大泉群”园林与景观的文化特性

本章以济南市“四大泉群”园林与景观的物质特性为基础，对“四大泉群”园林与景观体现出的文化特性进行研究，并对其与物质特性之间的关系进行梳理。

文化现象蕴含了文化特性，客观存在的物质是文化现象产生和发展的基础。因此本研究将以受物质基础影响程度的大小，对“四大泉群”园林与景观中呈现的文化现象进行排序。鉴于文化发展的特殊性，物质影响较大的文化现象，有可能成为物质影响较小的文化现象进一步衍生的基础，或对其产生影响。因此受物质基础影响程度较大的文化现象在前；受物质基础影响程度较小的文化现象在后。按物质基础影响程度从大到小进行排序，可以将与“四大泉群”园林景观有关的文化现象，分为泉水的名称来源，相关泉水诗文（以“趵突泉”诗为例），以及泉水“集景”（即“七十二泉”）三个主要类型，以下将依序论述。

第一节　市井历历：泉名来源及其文化特性

与客观存在的物质基础联系最为紧密的，是泉水的名称来源。济南市“四大泉群”中的泉水名称展现出了三种类型。第一种类型，与物质基础联系最为紧密。首先是根据泉水的喷涌状态、汇聚状态，以及泉水展现出的其他感官感受（除视觉感受之外，还有听觉、味觉、触觉感受）对其进行命名。其次是泉池的积水质量（主要判断标准为是否浑浊、可否饮用）、水位高度，池岸的形态、材质等对其进行命名。第二种类型，是根据泉水所在的位置，以及相关街区、园林、建筑等对其进行命名。第三种类型，是根据与泉水相关的古代经典诗文与故事传说等对其进行命名。对于所属类型较为丰富的泉水，将其同时列入不同类型中进行分别分析（右上角依据泉水的出现次序，添加数字符号加以区分，如“①”）。对于泉名来源不明的泉水，则不予分析。“珍珠泉泉群”因为数量较多，且名称来源复杂，因此仅对其中的“名泉”与“泉群泉”进行分析。

4.1.1　泉水与泉池状态

泉水的命名来源中，与客观存在的物质联系最为紧密的是泉水与泉池。泉水状态包括泉水喷涌时和汇聚之后产生的状态。泉水喷涌时的状态，主要体现了其泉水的出露特征（涌状泉、“串珠”状上涌泉、渗流泉）。泉水喷涌时还通过与水、石的碰撞，产生了丰富的听觉感受（声音景观）。其中以视觉感受为主，听觉感受为辅。泉水汇聚之后的状态，主要是泉水的动、静状态和泉水质量。泉水质量主要体现在味觉感受（饮用）和触觉感受（温度）。泉水状态之外泉池的状态，包括积水质量（与泉水质量中相比，这里的积水质量以视觉角度是否浑浊为判断标准，而非味觉）、水位高度，池岸形态也成了泉水命名的来源之一。泉池的积水质量与水位高度，直接受泉水状态的影响。以泉池池岸形态进行命名的泉水，大多为自然形成，或是由人工堆叠山石而建设的自然式泉池。因此将以泉池的积水质量、水位高度、池岸形态进行命名的泉，与以泉水状态命名的泉水相并置进行研究。以下将以“四大泉群”中的各泉群归属为划分，对以泉水状态与泉池状态进行命名的泉水进行分别列举分析。

1. “趵突泉泉群”

“趵突泉泉群”中以泉水状态命名的泉水包括：“趵突泉”“柳絮泉”“漱玉泉①”“湛露泉”“金线泉”“酒泉”“螺丝泉”“老金线泉”（表4-1。注：泉水名称右上角的①②③，表示其同时具备两种或三种特性；或是同一泉名的解释有两种或三种来源，后文相同）。以泉池状态命名的泉水，包括：“满井泉”“石湾泉”“灰池泉①”“浅井泉”（表4-2）。

“趵突泉泉群”中以泉水状态进行命名的泉水　　表4-1

景观类型	泉水名称	泉名来源	在“趵突泉泉群”（共29处）中所占比例
视觉景观	趵突泉	形容泉水腾空，水势巨大	24.14%
	柳絮泉	形容泉水泡沫翻滚，如柳絮飞舞	
	金线泉/老金线泉	泉池中有两股泉水相对而流，交汇之后的交界处，反射天光后形成一条金线	
	螺丝泉	泉水向上涌动，水泡旋转如同螺丝	
听觉景观	漱玉泉①	形容泉水冲刷石头，声音就像敲打玉石	
味觉景观	湛露泉	泉水清澈，饮用如甘露	
	酒泉	泉水饮之如酒	

注：泉水名称及泉名来源均来源于《济南泉水志》，景观类型为作者自行整理。

“趵突泉泉群”中以泉池状态进行命名的泉水　　表4-2

划分依据	泉水名称	泉名来源	在“趵突泉泉群”（共29处）中所占比例
泉池的积水质量	灰池泉①	泉水时而清澈，时而浑浊	13.79%
泉池的水位高度	满井泉	形容泉水常年不枯竭，泉水丰沛溢出井口	
	浅井泉	泉水较浅，深度不及一尺	
泉池的池岸形态	石湾泉	巨石堆叠形成池岸，泉池形状如同水湾（形容水面较为宽阔，岸线较为曲折之意）	

注：泉水名称及泉名来源均来源于《济南泉水志》，划分依据为作者自行整理。

在“趵突泉泉群”中，以泉水状态命名的泉水有7处，占“趵突泉泉群”总数

（29 处）的 24.14%；以泉池状态命名的泉水有 4 处，占总数的 13.79%。两者共占“趵突泉泉群”总数的约 38%。泉水状态命名的泉水中，视觉景观占据了主体，其次是味觉景观，最后是听觉景观。视觉景观方面，以体现泉水出露状态为标准，表现“涌状泉”最多。证明其以观赏功能为主，视觉景观优良。泉池状态进行命名的泉水中，以水位高度命名的泉水占据一半。证明泉水水量较为稳定，泉池与其他水体之间关联性较小，独立性较强。

2. “五龙潭泉群”

“五龙潭泉群”中的各泉，以泉水状态命名的泉水，包括：“西蜜脂泉”“古温泉”“虬溪泉”“玉泉①”“醴泉”“东蜜脂泉”（表 4-3）。以泉池状态命名的泉水，包括：“天镜泉”“月牙泉”“玉泉②”“显明池”“聪耳泉”“濂泉”“贤清泉”（表 4-4）。

“五龙潭泉群”中以泉水状态进行命名的泉水　表 4-3

景观类型	泉水名称	泉名来源	在“五龙潭泉群”（共 28 处）中所占比例
视觉景观	虬溪泉	泉水如同虬龙吐水	21.43%
	玉泉①	泉水清澈如玉	
味觉景观	西蜜脂泉	泉水甘甜如蜂蜜	
	醴泉	“醴”指甜酒或甘甜的泉水	
	东蜜脂泉	泉水甘甜如蜂蜜	
触觉景观	古温泉	泉水常年恒温 18℃，兼年代久远	

注：泉水名称及泉名来源均来源于《济南泉水志》，景观类型为作者自行整理。

“五龙潭泉群”中以泉池状态进行命名的泉水　表 4-4

划分依据	泉水名称	泉名来源	在“五龙潭泉群”（共 28 处）中所占比例
泉池的积水质量	天镜泉	泉水平静，水面明亮如镜	25%
	玉泉②	泉水清澈如玉	
	濂泉	平静，清澈见底	
	贤清泉	曾称“悬清”，都为泉水清澈之意	
泉池的池岸形态	月牙泉	泉池的形状类似新月	
	聪耳泉	泉池形状好像人的耳朵	
泉池中的植物	显明池	读音疑似“鲜菱池”，池中曾经种植“菱”	

注：泉水名称及泉名来源均来源于《济南泉水志》，划分依据为作者自行整理。

在“五龙潭泉群”中，以泉水状态命名的泉水有 6 处，占“五龙潭泉群”总数（28 处）的 21.43%；以泉池状态命名的泉水有 7 处，占总数的 25%。两者共占“五龙潭泉群”总数的约 46%。“五龙潭泉群”中各泉的泉水出露特征，与“趵突泉泉群”相比较为隐晦，出水量不及“趵突泉泉群”。因此以泉水状态命名的泉水中，占据主体地位的视觉景观被味觉景观所代替。结合泉池状态中曾经种植“菱”的“显明池”，“五龙潭泉群”名称中的生活色彩更为浓重，具有一定的市井气息。能够提供佐证的还有以池岸形态命名泉水时，偏好以生活中常见的具体物命名，如“耳朵”“新月”“菱”。

与其他泉群相比，"五龙潭泉群"的不同之处在于以泉池景观为主，泉水景观为次。

3. "黑虎泉泉群"

"黑虎泉泉群"中的各泉，以泉水状态命名的泉水，包括："南珍珠泉""任泉""五莲泉""琵琶泉""黑虎泉①""玛瑙泉"（表 4-5）。以泉池状态命名的泉水，包括："古鉴泉""一虎泉""白石泉"（表 4-6）。

"黑虎泉泉群"中以泉水状态进行命名的泉水　　表 4-5

景观类型	泉水名称	泉名来源	在"黑虎泉泉群"（共 16 处）中所占比例
视觉景观	南珍珠泉	串串气泡像珍珠，又因为在"珍珠泉"南侧，故得名	37.5%
	任泉	"任"有无拘束的意思，形容泉水自由自在	
	五莲泉	泉眼众多，泉水喷涌如同盛开的莲花	
	玛瑙泉	串串气泡随泉水上升，色彩丰富如同玛瑙	
声音景观	琵琶泉	泉水跌落如同琵琶演奏音乐	
	黑虎泉①	泉水流动的声音像是老虎的啸叫	

注：泉水名称及泉名来源均来源于《济南泉水志》，景观类型为作者自行整理。

"黑虎泉泉群"中以泉池状态进行命名的泉水　　表 4-6

划分依据	泉水名称	泉名来源	在"黑虎泉泉群"（共 16 处）中所占比例
泉池的积水质量	古鉴泉	泉水清澈、宁静如镜	18.75%
泉池的装饰	一虎泉	泉水自一石刻虎头中流出	
泉池的材质	白石泉	泉池周围多白色石头	

注：泉水名称及泉名来源均来源于《济南泉水志》，划分依据为作者自行整理。

在"黑虎泉泉群"中，以泉水状态命名的泉水有 6 处，占"黑虎泉泉群"总数（16 处）的 37.5%；以泉池状态命名的泉水有 3 处，占总数的 18.75%。两者共占"黑虎泉泉群"总数的约 56%。泉水状态命名的泉水中，视觉景观占据主体，声音景观占据次要地位，味觉景观不存。可见"黑虎泉泉群"以观赏功能为主，市井色彩、生活气息不及"五龙潭泉群"更加浓厚。

4. "珍珠泉泉群"

在"珍珠泉泉群"的 21 处"名泉"与"泉群泉"中，以泉水状态命名的泉水，包括："玉环泉""珍珠泉""散水泉"（表 4-7）；以泉池状态命名的泉水，包括："扇面泉"（表 4-8）。

"珍珠泉泉群"中以泉水状态进行命名的泉水　　表 4-7

景观类型	泉水名称	泉名来源	在"珍珠泉泉群"的"名泉"与"泉群泉"（共 21 处）中所占比例
视觉景观	玉环泉	两处泉水同时喷涌，水的波纹交错如同玉环	14.29%
	珍珠泉	气泡随泉水从地底喷涌而出，如同洒下无数珍珠	
	散水泉	形容泉水喷涌而出之后，聚拢又散开的状态	

注：泉水名称及泉名来源均来源于《济南泉水志》，景观类型为作者自行整理。

“珍珠泉泉群”中以泉池状态进行命名的泉水　　表 4-8

划分依据	泉水名称	泉名来源	在“珍珠泉泉群”的“名泉”与“泉群泉”（共21处）中所占比例
泉池的池岸形态	扇面泉	泉池呈扇形	4.8%

注：泉水名称及泉名来源均来源于《济南泉水志》，划分依据为作者自行整理。

在“珍珠泉泉群”的“名泉”与“泉群泉”中，以泉水状态命名的泉水有3处，占总数（21处）的14.29%；以泉池状态命名的泉水有1处，占“名泉”与“泉群泉”总数的4.8%。两者共占“珍珠泉泉群”中“名泉”与“泉群泉”总数的约19%，泉水状态与泉池状态命名的泉水占比较低。泉水状态命名的泉水中，全部为视觉景观。

综上所述，“四大泉群”中以泉水形态与泉池形态命名的泉水，比例由高到低分别为：“黑虎泉泉群”“五龙潭泉群”“趵突泉泉群”“珍珠泉泉群”。“黑虎泉泉群”“五龙潭泉群”“趵突泉泉群”中的各泉，大部分都是以现代公园或古典园林为目标，进行了规划与建设。泉水的命名以表现泉水状态与泉池状态为主要目标。“珍珠泉泉群”各泉水散落在街区、民宅中，环境各异，多为泉井。因此泉水形态难以观察，泉池形态较为单一，影响了泉水命名。“五龙潭泉群”与“趵突泉泉群”历史较为悠久，有位于郊野的私家园林与民居建设，因此在部分的泉水名称中出现了味觉景观，表明其曾作为饮水来源。“黑虎泉泉群”形成年代较晚（开凿护城河时形成），根据泉水状态与泉池状态进行的命名，仅有视觉景观与听觉景观。泉池状态方面各泉群之间较为统一，泉水命名以体现泉池的积水质量与泉池形态、材质为主。以上分析说明“四大泉群”中以泉水状态与泉池状态命名的泉水，占据了较大比例，同时显示出了其文化特性与物质特性之间的紧密关联。

4.1.2　泉水位置与周边地域景观

泉水的命名来源除泉水状态与泉池状态外，与客观存在的物质联系最为紧密的是泉水的位置与周边地域景观。原因在于，除部分人工挖掘形成的泉水之外，大部分泉水的位置为天然形成，在泉水众多的济南，对其进行位置标定是首要任务。泉水的位置是指其隶属于哪个街区、园林、建筑的内部或者旁侧，泉水的命名受其直接影响。除直接以所处的街区、园林、建筑的名称进行命名的泉水之外，还有以其他泉水的相对位置进行命名的泉水。地域景观方面，泉水所处的街区、园林、建筑，除了标定泉水的位置之外，同时也构成了泉水的地域景观。除此之外，地域景观还包括其他物质景观与文化景观等不同的表现形式。以下以“四大泉群”中的各泉群归属为划分标准，对以泉水的绝对、相对位置与地域景观进行命名的泉水进行分别列举。

1. “趵突泉泉群”

“趵突泉泉群”中以泉水位置与地域景观命名的泉水，包括：“沧泉”“花墙子泉”“白云泉”“泉亭池”“尚志泉”“东高泉”“卧牛泉[①]”。其中以泉水所处街区、园林、建筑命名的泉水，包括：“沧泉”“花墙子泉”“白云泉”“泉亭池”“尚志泉”。以泉水之间相对位置命名的泉水，包括：“东高泉”。以其他地域景观命名的泉水，包括：“卧牛泉[①]”（表 4-9）。

“趵突泉泉群”中以泉水位置与地域景观进行命名的泉水　　表 4-9

泉水名称	泉名来源	泉水位置或地域景观类型	具体参考对象	在“趵突泉泉群”（共 29 处）中所占比例
沧泉	因“沧园”得名	园林	沧园	24.14%
花墙子泉	原址在花墙子街 87 号院，因街得名	街区	花墙子街	
白云泉	因临近“白云轩”得名	建筑	白云轩	
泉亭池	泉上建有“望荷亭”	建筑	望荷亭	
尚志泉	泉边建“尚志堂”	建筑	尚志堂	
东高泉	在“望水泉”“白云泉”东侧，且地势较高	与其他泉水的相对位置	“望水泉”“白云泉”	
卧牛泉[①]	古代常有牛在此饮水，躺卧泉边	动物	牛	

注：泉水名称及泉名来源均来源于《济南泉水志》，泉水位置或景观地域类型，具体参考对象为作者自行整理。

在“趵突泉泉群”中，以泉水所处街区、园林、建筑，即绝对位置命名的泉水有 5 处；以与其他泉水的相对位置命名的泉水有 1 处（兼有对泉水所处地形的描述）；以地域景观命名的泉水有 1 处。三者共占“趵突泉泉群”总数（共 29 处）的约 24%。以泉水所处街区、园林、建筑，即绝对位置命名的泉水较多，证明相关建设数量较多，且类型较为丰富。结合体现郊野景观的“卧牛泉”，展示了“趵突泉泉群”周边物质景观与文化景观漫长的积累过程。

2. “五龙潭泉群”

“五龙潭泉群”中的各泉，以泉水位置与地域景观命名的泉水，包括：“五龙潭[①]”“官家池”“北洗钵泉”“潭西泉”。其中以泉水所处街区、园林、建筑命名的泉水，包括：“五龙潭[①]”。以泉水之间相对位置命名的泉水，包括：“潭西泉”。以其他地域景观命名的泉水，包括：“官家池”“北洗钵泉”（表 4-10）。

“五龙潭泉群”中以泉水位置与地域景观进行命名的泉水　　表 4-10

泉水名称	泉名来源	泉水位置或地域景观类型	具体参考对象	在“五龙潭泉群”（共 28 处）中所占比例
五龙潭[①]	元代池畔建有“五龙庙”	建筑	五龙庙	14.29%
潭西泉	处于“五龙潭”西侧	与其他泉水的相对位置	五龙潭	
官家池	“官家”即“众家”，为公众用水的池塘	生活景观	公共用水池	
北洗钵泉	泉边有奇石，像老僧人清洗钵	奇石	“老僧洗钵”奇石	

注：泉水名称及泉名来源均来源于《济南泉水志》，泉水位置或景观地域类型，具体参考对象为作者自行整理。

在“五龙潭泉群”中，以泉水所处街区、园林、建筑，即绝对位置命名的泉水有 1

处；以与其他泉水的相对位置命名的泉水有 1 处；以地域景观命名的泉水有 2 处。三者共占"五龙潭泉群"总数（共 28 处）的约 14%。以泉水所处街区、园林、建筑，即绝对位置命名的泉水较少，证明相关建设数量较少。"官家池"则体现了一定的市井气息。"北洗钵泉"以奇石命名泉水，表明了一定的园林或风景名胜区建设倾向。

3. "黑虎泉泉群"

"黑虎泉泉群"中的各泉，以泉水位置与地域景观命名的泉水，包括："胤嗣泉""对波泉""豆芽泉"。其中以泉水所处街区、园林、建筑命名的泉水，包括："胤嗣泉①"；以泉水之间相对位置命名的泉水，包括："对波泉"；以其他地域景观命名的泉水，包括："豆芽泉"（表 4-11）。

"黑虎泉泉群"中以泉水位置与地域景观进行命名的泉水　　表 4-11

泉水名称	泉名来源	泉水位置或地域景观类型	具体参考对象	在"黑虎泉泉群"（共 16 处）中所占比例
胤嗣泉①	位于"张仙庙"前崖壁下，"张仙"在民间有送子传说（"胤""嗣"都有子女的意义）	建筑	张仙庙	18.75%
对波泉	因隔护城河与"汇波泉"相对	与其他泉水的相对位置	汇波泉	
豆芽泉	附近居民用此处泉水生发豆芽，豆芽鲜美	生活景观	豆芽泉	

注：泉水名称及泉名来源均来源于《济南泉水志》，泉水位置或景观地域类型，具体参考对象为作者自行整理。

在"黑虎泉泉群"中，以泉水所处街区、园林、建筑，即绝对位置命名的泉水有 1 处；以与其他泉水的相对位置命名的泉水有 1 处；以地域景观命名的泉水有 1 处。三者共占"黑虎泉泉群"总数（共 16 处）的约 19%。以泉水所处街区、园林、建筑，即绝对位置命名的泉水较少，证明相关建设数量较少。"对波泉"以护城河对面的"汇波泉"进行命名，说明了护城河两岸的空间，在景观层面产生了关联。"豆芽泉"体现了一定的市井气息。

4. "珍珠泉泉群"

在"珍珠泉泉群"21 处"名泉"与"泉群泉"中，以泉水位置与地域景观命名的泉水，包括："双忠泉①""芙蓉泉""腾蛟泉""溪亭泉""云楼泉"。全部以泉水所处街区、园林、建筑命名（表 4-12）。

"珍珠泉泉群"中以泉水位置与地域景观进行命名的泉水　　表 4-12

泉水名称	泉名来源	泉水位置或地域景观类型	具体参考对象	在"珍珠泉泉群"的"名泉"与"泉群泉"（共 21 处）中所占比例
双忠泉①	为纪念明代抗击清军的明朝官员宋学朱、韩承宣修建"双忠祠"，传清代修复时忽然有双泉涌出	建筑	双忠祠	23.81%
芙蓉泉	清代泉水旁曾建"芙蓉馆"	建筑	芙蓉馆	
腾蛟泉	西侧临近"腾蛟起凤坊"	建筑	腾蛟起凤坊	

续表

泉水名称	泉名来源	泉水位置或地域景观类型	具体参考对象	在“珍珠泉泉群”的“名泉”与“泉群泉”（共21处）中所占比例
溪亭泉	溪流缓缓流淌，亭、阁高耸秀丽	园林	古溪亭	23.81%
云楼泉	因“白云楼”得名	建筑	白云楼	

注：泉水名称及泉名来源均来源于《济南泉水志》，泉水位置或景观地域类型，具体参考对象为作者自行整理。

在“珍珠泉泉群”21处“名泉”与“泉群泉”中，以泉水所处街区、园林、建筑，即绝对位置命名的泉水有5处，占“珍珠泉泉群”中“名泉”与“泉群泉”总数（共21处）的约24%。5处泉水皆以泉水所处街区、园林、建筑，即绝对位置而命名，证明相关建设数量较多。这与“珍珠泉泉群”各泉大多处于明代府城城区有关，城市相关建设较早，园林、建筑数量较多，类型较为丰富。除“名泉”与“泉群泉”外的其他各泉则多生活景观，体现出一定的市井气息。

综上所述，“四大泉群”中以泉水的位置与周边地域景观命名的泉水，比例由高到低分别为：“趵突泉泉群”“珍珠泉泉群”“黑虎泉泉群”“五龙潭泉群”。“趵突泉泉群”所处地域为传统风景名胜区与园林聚集区；“珍珠泉泉群”所处地域为历史悠久的明代府城城区。因此两者形成了较多的建筑、园林，意义与功能各有不同，赋予了泉水丰富的文化含义。“趵突泉泉群”的泉水相比“珍珠泉泉群”有更多的郊野气息（“卧牛泉[①]”）。这符合两者分别处于古代城市内（“珍珠泉泉群”）与外（“趵突泉泉群”）的相对位置带来的景观差异。“黑虎泉泉群”与“五龙潭泉群”中建筑占比相对较少，并且都为实际功能较弱的祠庙建筑。两处“泉群”同时具备以生活景观命名的泉水，体现了市井气息。由此可见“五龙潭泉群”周边环境与“趵突泉泉群”的差别所在，市井气息较其略重。“五龙潭泉群”则有一处以奇石命名的泉水（“北洗钵泉”），相比“黑虎泉泉群”，具有一定的风景名胜区或园林建设特性。整体而言，以泉水的位置与周边地域景观命名的泉水，相比以泉水状态和泉池状态命名的泉水，呈现出直接的物质现象占比降低，物质特性削弱，和文化现象更加丰富，文化特性更加明显的倾向。但其文化景观展现出的特性仍然较为质朴，与临近的、实在的、功能性的物质存在与活动息息相关。

4.1.3 古代经典诗文与故事传说

泉水的命名来源中，与客观存在的物质联系最不紧密的是古代经典诗文与故事传说。古代经典诗文，包括：《诗经·小雅·皇华》《诗经·大雅·既醉》，《尔雅·释水》《孟子·离娄上》，以及魏晋时期诗人陆机的诗《招隐》，全部出现在“趵突泉泉群”与“珍珠泉泉群”部分泉水的名称中，在“五龙潭泉群”与“黑虎泉泉群”中则没有体现。原因可能有两个方面：一方面，人工参与建设时间较早（“趵突泉泉群”周边的风景名胜区与园林建设；“珍珠泉泉群”周边的城市建设）；另一方面，受文人文化（尤其是儒家文化）影响较为深刻。故事传说包括三种类型：历史故事、民间故事、神话传说。历史故事，是指故事中的人物真实存在，且故事有基本依据（见于记载）或符合正常逻辑。民间故事，是指故事中的人物真实存在，但故事没有依据（口头传诵）或不符合正常逻辑，并且影响范围较小。神话故事，是指故事中的人物具有神仙地位，并且故事没有依据，或不符合正常逻辑，超出了常规理解范畴。以下将以“四大泉群”中的各泉群归属为划分，对以古代经典诗文与故事传说命名的泉水进行分别列举。

1.“趵突泉泉群”

“趵突泉泉群”中的各泉，以古代经典诗文与故事传说命名的泉水，包括：“漱玉泉②”“皇华泉①②③”（“皇华泉”的名称来源有三种，包括：诗文、历史故事、神话传说）“马跑泉”“杜康泉”“无忧泉”“望水泉”“登州泉”“灰池泉”“卧牛泉②”“白龙湾泉”。其中以古代经典诗文命名的泉水，包括：“漱玉泉②”“皇华泉①”（表4-13）；以历史故事命名的泉水，包括：“皇华泉②”；以民间故事命名的泉水，包括：“马跑泉”“杜康泉”“无忧泉”“望水泉”“登州泉”“灰池泉”；以神话传说命名的泉水，包括：“皇华泉③”“卧牛泉②”“白龙湾泉”（表4-14）。

“趵突泉泉群”中以古代经典诗文进行命名的泉水　　表4-13

泉水名称	泉名来源	具体参考诗文	文学类型	在“趵突泉泉群”（共29处）中所占比例
漱玉泉②	山溜何泠泠，飞泉漱鸣玉	《招隐》（陆机）	诗歌	6.9%
皇华泉①	皇皇者华	《诗经·小雅·皇华》	诗歌	

注：泉水名称及泉名来源均来源于《济南泉水志》，具体参考诗文、文学类型为作者自行整理。

“趵突泉泉群”中以故事传说进行命名的泉水　　表4-14

文学类型	泉水名称	泉名来源	故事主角	故事主题	在“趵突泉泉群”（共29处）中所占比例
历史故事	皇华泉②	汉文帝派遣晁错到济南抄录《尚书》，使其得以流传	晁错	文人传书	31%
民间故事	马跑泉	北宋时期金国入侵，济南将军关胜领兵抗敌，最终战死。战马以马蹄刨地，出现一股泉水	关胜	将军殉国	
	杜康泉	传说“酒圣”杜康曾在此酿酒	杜康	“酒圣”酿酒	
	无忧泉	传说饮用“无忧泉”的泉水可以消解忧愁	—	泉水消愁	
	登州泉	传说泉水水脉连通登州（今蓬莱市）	—	地理猜想	
	望水泉	传说“望水泉”与旁侧的“登州泉”水脉相通，两泉一起眺望登州	—	地理猜想	
	灰池泉	古人认为泉水水脉连通“蓬莱”（海），“昆明”（湖）等较大水体，受其风暴影响，时而清澈，时而浑浊	—	地理猜想	
神话传说	皇华泉③	纪念舜在历下斩杀妖蛇，护佑百姓	舜	皇帝（神仙）除妖	
	卧牛泉②	纪念舜耕作于历山	舜	皇帝（神仙）耕作	
	白龙湾泉	东海龙王之子小白龙触犯天条被罚至此，为百姓将泥潭变成泉水	白龙	神龙显灵	

注：泉水名称及泉名来源均来源于《济南泉水志》，文学类型、故事主角、故事主题为作者自行整理。

在“趵突泉泉群”中，以古代经典诗文命名的泉水有2处；以故事、传说命名的泉水有9处（“皇华泉②”“皇华泉③”作为同1处）。两者共占“趵突泉泉群”总数（共29处）的约38%。以古代经典诗文命名的泉水，以引用诗歌为主，具有浪漫色彩，同时显露出文人文化的影响。故事传说命名的泉水，数量方面以民间故事为主，神话传说次之，历史故事最少，体现出相当的市井气息。在“趵突泉泉群”中比例较高。

2. “五龙潭泉群”

“五龙潭泉群”中没有以古代经典诗文命名的泉水。以故事传说命名的泉水，包括：“七十三泉”“回马泉”“五龙潭②③”“青泉”“赤泉”。以历史故事命名的泉水，包括：“七十三泉”。以民间故事命名的泉水，包括：“回马泉”“五龙潭②”。以神话传说命名的泉水，包括：“青泉”“五龙潭③”“赤泉”（表4-15）。

“五龙潭泉群”中以故事传说进行命名的泉水　　表4-15

<table>
<tr><th>文学类型</th><th>泉水名称</th><th>泉名来源</th><th>故事主角</th><th>故事主题</th><th>在“五龙潭泉群”（共28处）中所占比例</th></tr>
<tr><td>历史故事</td><td>七十三泉</td><td>清代学者桂馥与朋友集资修建“潭西精舍”，施工时挖出一泉。桂馥想到济南已经有了“七十二泉”，便将其命名为“七十三泉”</td><td>桂馥</td><td>建屋出泉</td><td rowspan="6">17.86%</td></tr>
<tr><td rowspan="2">民间故事</td><td>回马泉</td><td>唐朝将军秦琼在历城县当捕快时，追赶贼人，马蹄踏地出现一股泉水</td><td>秦琼</td><td>侠客捉贼</td></tr>
<tr><td>五龙潭②</td><td>泉池深邃，古人认为水底有龙的洞穴</td><td>—</td><td>—</td></tr>
<tr><td rowspan="3">神话传说</td><td>青泉</td><td>以“五龙庙”中祭祀的五条神龙中的“青龙”命名</td><td>青龙</td><td>—</td></tr>
<tr><td>五龙潭③</td><td>唐玄宗时期，皇帝昏庸。秦琼后人酒后哀怨，皇帝想杀掉他们。兵至府邸，天降五条神龙。府邸随雷声沉入地底，形成“五龙潭”</td><td>—</td><td>神龙显灵</td></tr>
<tr><td>赤泉</td><td>以“五龙庙”中祭祀的五条神龙中的“赤龙”命名</td><td>赤龙</td><td>—</td></tr>
</table>

注：泉水名称及泉名来源均来源于《济南泉水志》，文学类型、故事主角、故事主题为作者自行整理。

在“五龙潭泉群”中，以故事传说命名的泉水有5处（“五龙潭②”“五龙潭③”作为同1处），占“五龙潭泉群”总数（共28处）约18%。以故事传说命名的泉水，数量方面以神话传说为主，民间故事次之，历史故事最少。“五龙潭”与“秦琼”作为景观与故事的主要线索，对泉群内泉水的命名影响较为深刻。

3. “黑虎泉泉群”

“黑虎泉泉群”中没有以古代经典诗文命名的泉水，亦没有以历史故事命名的泉水。仅有以故事传说命名的泉水，包括：“寿康泉”“金虎泉”“黑虎泉②”“九女泉①②”“胤嗣泉②”。以民间故事命名的泉水，包括：“寿康泉”“金虎泉”“黑虎泉②”“九女泉①”。以神话传说命名的泉水，包括：“九女泉②”（表4-16）。

在“黑虎泉泉群”中，以故事传说命名的泉水有4处（“九女泉①”“九女泉②”作为同1处），占“黑虎泉泉群”总数（共16处）的25%。以故事、传说命名的泉水中，以民间故事为主，神仙传说次之；没有以经典诗文、历史故事命名的泉水。可见，较为正统、官方的文化传承弱于民间文化，显示出较强的市井气息。

“黑虎泉泉群”中以故事传说进行命名的泉水　　表 4-16

文学类型	泉水名称	泉名来源	故事主角	故事主题	在“黑虎泉泉群”（共 16 处）中所占比例
民间故事	寿康泉	传说饮用“寿康泉”的泉水可以延年益寿	无	泉水延寿	25%
	金虎泉	传说古代某日夜晚，有人看到两只老虎厮打，一只黑色，一只金色。两只老虎听见人的声音，各自转身逃入洞穴。一处形成“金虎泉”，一处形成“黑虎泉”	金虎	金虎化泉	
	黑虎泉②		黑虎	黑虎化泉	
	九女泉①	传说古代泉边住着一户人家，家中有九个女儿	九女	—	
神话传说	九女泉②	泉水清澈甘甜，引得天上九位仙女在夜晚来此沐浴，唱歌跳舞	九仙女	仙女下凡	

注：泉水名称及泉名来源均来源于《济南泉水志》，文学类型、故事主角、故事主题为作者自行整理。

4. “珍珠泉泉群”

在“珍珠泉泉群”的 21 处“名泉”与“泉群泉”中，以古代经典诗文与故事传说命名的泉水包括：“濯缨泉”“濋泉”“不匮泉①②”“双忠泉②”“感应井泉”“舜井”。其中以古代经典诗文命名的泉水，包括：“濯缨泉”“濋泉”“不匮泉①”（表 4-17）；以历史故事命名的泉水包括：“不匮泉②”“双忠泉②”；以民间故事命名的泉水，包括：“感应井泉”；以神话传说命名的泉水，包括：“舜井”（表 4-18）。

“珍珠泉泉群”中以古代经典诗文进行命名的泉水　　表 4-17

泉水名称	泉名来源	具体参考诗文	文学类型	在“珍珠泉泉群”的“名泉”与“泉群泉”（共 21 处）中所占比例
濯缨泉	清斯濯缨，浊斯濯足	《孟子·离娄上》	文集	14.29%
濋泉	水自济出为濋	《尔雅·释水》	辞典	
不匮泉①	孝子不匮，永锡尔类	《诗经·大雅·既醉》	诗歌	

注：泉水名称及泉名来源均来源于《济南泉水志》，具体参考诗文、文学类型为作者自行整理。

“珍珠泉泉群”中以故事、传说进行命名的泉水　　表 4-18

文学类型	泉水名称	泉名来源	故事主角	故事主题	在“珍珠泉泉群”的“名泉”与“泉群泉”（共 21 处）中所占比例
历史故事	双忠泉②	明代崇祯十二年（1639 年），清兵入关，绕过北京直取济南。山东巡按御史宋学朱、历城知县韩承宣率领兵、民守城而亡。后人为纪念宋、韩二人，建“双忠祠”，后逐渐废旧。清康熙年间修复双忠祠，忽然有双泉涌出	宋学朱、韩承宣	文官殉国	19.05%
	不匮泉②	清代有宋广业孝顺其母亲的好名声，获皇帝赐匾。宋广业筑书碑亭挂置匾额，亭后出现一股泉水	—	孝心感泉	
民间故事	感应井泉	明代正德年间，“德王”兴修“北极庙”，附近之水苦涩难喝，工人不胜其苦。德王府承奉（官职）白阊祷告，梦中得泉水地点，派人挖掘后得此泉	白阊	文官梦泉	

续表

文学类型	泉水名称	泉名来源	故事主角	故事主题	在“珍珠泉泉群”的“名泉”与“泉群泉”(共21处)中所占比例
神话传说	舜井	纪念舜	舜	—	19.05%

注:泉水名称及泉名来源均来源于《济南泉水志》,文学类型、故事主角、故事主题为作者自行整理。

在“珍珠泉泉群”的21处“名泉”与“泉群泉”中,以古代经典诗文命名的泉水有3处;以故事传说命名的泉水有4处。两者共占“珍珠泉泉群”中“名泉”与“泉群泉”总数(共21处)的约33%,比例较高。古代经典诗文命名的泉水,涉及文学形式较为丰富,出处皆为儒家经典书籍。以故事传说命名的泉水,数量方面历史故事较多,民间故事和神话传说较少。民间故事也较为真实,偏向于历史故事的特性,说明城市历史留存较为完整。大部分故事或传说的主角皆为先贤、忠臣、孝子,以赞颂文人和道德模范为主,与儒家经典相配合,有相当的教化意味。“珍珠泉泉群”所在范围包含封臣宅邸、官员衙署、府学文庙等,显露出济南城市文化受到了文人文化和儒家文化的深厚影响,与城市空间格局相对应。

通过以上对“四大泉群”中各泉水的命名来源的分析,可以总结出以下文化现象及其特性。

整体而言,“四大泉群”中,泉名传承最为完整,含义最为明确的为“趵突泉泉群”和“黑虎泉泉群”。“五龙潭泉群”和“珍珠泉泉群”(仅以21处“名泉”与“泉群泉”而论,本节下同)泉名来源传承较不完整,同一名称衍生出诸多含义。产生区别的原因,可能与文化的保存、传播状况,出现时间的差异等因素有关。

同一命名类型在不同泉群中的分布方面。以泉水、泉池状态命名的类型中,占比最高的是“黑虎泉泉群”,最低的是“珍珠泉泉群”。泉池状态类型中,占比最高的是“五龙潭泉群”,最低的是“珍珠泉泉群”。与各泉群中所含各个泉水的出露特征及泉池建设情况紧密相关,也与泉群所处城乡位置、文化积累及其特性相关。以泉水位置或地域景观类型命名的类型中,占比最高的是“趵突泉泉群”与“珍珠泉泉群”(两者比例相近),显示出较为丰富的人工建设历史和遗存,泉水名称直接体现其在街区中的“坐标”;占比最低的是“五龙潭泉群”,可能因城市化程度较低,发展较慢有关。以古代经典诗文类型命名的类型中,“珍珠泉泉群”占比最高,见证了久远厚重的城市发展历史,有教化民众的倾向;“趵突泉泉群”占比稍低,体现了古代文人作为社会文化传播主体的影响。以故事传说类型命名的类型中,“趵突泉泉群”占比最高,以家国情怀、地理想象的宏观叙事内容为主;“黑虎泉泉群”占比次之,但以市井生活与想象为主,依然体现出文人文化与市民文化、主流文化与地域文化之间的联系与区隔,及其在城市空间中的对应表现。

不同泉群中不同命名类型的分布方面。“趵突泉泉群”中,故事传说类型占比最高；除古代经典诗文之外，泉池状态类型占比最低，体现出了较为深厚的文化积累，文化景观开始超越物质景观。“五龙潭泉群”中，泉池状态类型占比最高；除古代经典诗文之外，泉水位置或地域景观类型占比最低，显示出了较低的人工建设历史或遗存的影响，文化积累也不及“趵突泉泉群”。“黑虎泉泉群”中，泉水状态类型占比最高，可见其较为依赖泉水本身的出露特征。泉池状态与泉水位置或地域景观占比较低，同样显示出了较低的人工建设历史或遗存的影响。“珍珠泉泉群”中，泉水位置或地域景观类型占比较高；泉水状态与泉池状态类型占比较低。这与其位于城市中心，周边人工建设的街区、建筑、园林等较多且较为密集，泉水常作为街区、建筑、园林的附属存在，或是因泉水多为功能性较强但较难识别的泉井，为方便民众迅速根据参照物进行“导航”等因素有关（表 4-19，图 4-1～图 4-4）。

“四大泉群”中各泉水命名来源主要类型及百分比　　表 4-19

	泉水状态	泉池状态	泉水位置或地域景观	古代经典诗、文	故事、传说	各类型百分比总和
趵突泉泉群	24.14%	13.79%	24.14%	6.9%	31%	99.97%
五龙潭泉群	21.43%	25%	14.29%	0%	17.86%	78.58%
黑虎泉泉群	37.5%	18.75%	18.75%	0%	25%	100%
珍珠泉泉群（部分）	14.29%	4.8%	23.81%	14.29%	19.05%	76.24%

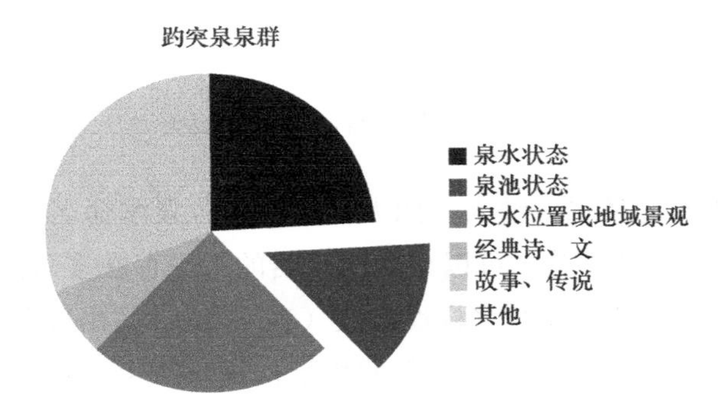

图 4-1　“趵突泉泉群”中泉水命名来源的主要类型及所占百分比

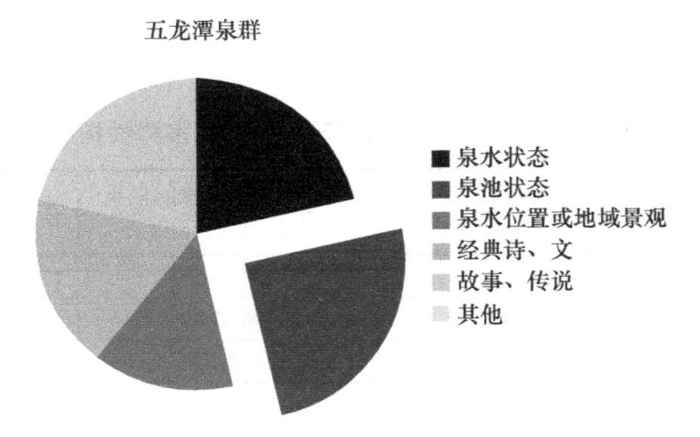

图 4-2　“五龙潭泉群”中泉水命名来源的主要类型及所占百分比

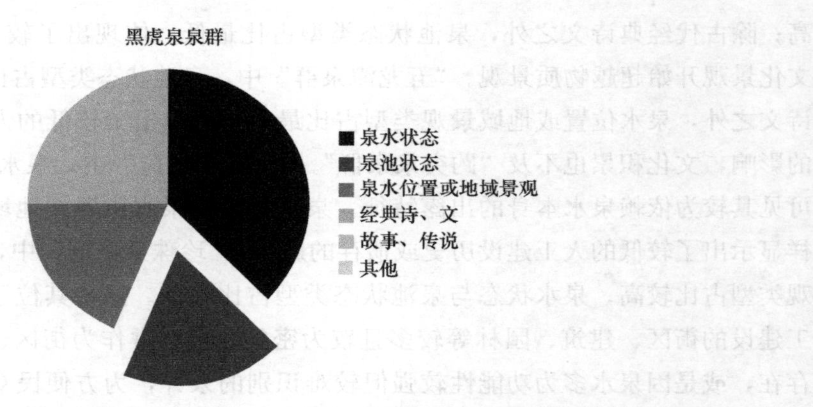

图 4-3 “黑虎泉泉群”中泉水命名来源的主要类型及所占百分比

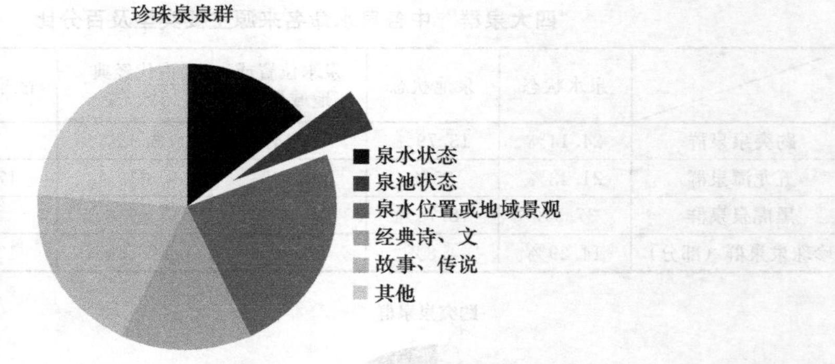

图 4-4 “珍珠泉泉群”中泉水命名来源的主要类型及所占百分比

将未确定名称来源的泉水，纳入“四大泉群”中各泉水命名来源主要类型及百分比统计之中，超出 100%的部分，可以显示出泉名的来源存在多重意义的比例和程度。可以视之为泉水名称展现出的文化多样性指数（表 4-20）。超出部分产生的原因是在文化发展的过程中，最初的含义被赋予了新的故事传说，产生了新的含义，例如“不匮泉”（“不匮”来源于《诗经》中的诗句“孝子不匮，永锡尔类”），既可以形容孝子宋广业为母建碑亭的孝顺行为，又以“不匮”为修亭时挖出的泉水进行命名（“不匮泉”），展现出了中华文化的延续和发展状态。

“四大泉群”中泉水名称展现出的文化多样性指数　　表 4-20

	各类型百分比	未确定名称来源的泉水数量	未确定名称来源的泉水占总数的百分比	总百分比	文化多样性指数（超出百分比）
趵突泉泉群	99.97%	3 处	10.34%	110.31%	10.31%
五龙潭泉群	78.58%	8 处	28.57%	107.15%	7.15%
黑虎泉泉群	100%	1 处	6.25%	106.25%	6.25%
珍珠泉泉群（部分）	76.24%	7 处	33.33%	109.57%	9.57%

综上所述，“四大泉群”的园林与景观，在泉水的命名方面，体现了以下文化特

性：在尊重基本的泉水、泉池状态的基础上，较为真实地记录了泉水所处城乡位置、周边环境、国家与地方的标志性人物和历史事件、民间故事传说等，客观反映了中国古代由国家主导、文人传播的古典文化在古代济南的铺展过程，如儒家典籍的记录与诗文的创作，以及济南市井生活、地域文化的多个面向，如其展现的古代济南民众的日常生活与民俗信仰；体现出了儒家思想与文化的深刻影响，以及地方文化与国家文化之间的密切关联与部分差异。

第二节　郊野悠游：泉水诗及其文化特性（以趵突泉为例）

除泉水的命名来源之外，较为真实地记录了泉水状态、泉池状态、泉水位置与相关建置，泉水与地方历史文化的，还有围绕泉水创作的诗歌。从唐代起，古代文人就围绕济南的人文社会环境和自然风景进行了大量的诗歌创作。围绕济南的泉水进行的诗歌创作集中于宋、明、清三个时期。常被作为主题，积累数量最多的是“趵突泉”。众多诗歌中不乏著名文人的创作，包括“唐宋八大家”中的曾巩，明代著名思想家、政治家王守仁等。鉴于“四大泉群”相关的诗歌创作数量较多，本研究将选取具有代表性的，以“趵突泉”为主题的8首诗进行研究。选取标准包括其作者具备较高的文学创作水平，或其作者对地方文化发展、留存有突出贡献，同时诗句较为详细地记录了趵突泉的实际景观及作者的观景感受，并选取宋代、明代两个时期的诗歌进行比较分析。通过提取其中的关键词，并且对其进行分类，研究“趵突泉”的园林景观在不同时代的特征和变化，体现作为其背景的中国古典文化在不同时代的发展，诗歌在不同时代的表达的差异等，最后总结其展现出的文化特性。

4.2.1　宋代“趵突泉”诗

本研究选取的与“趵突泉”有关的宋代诗，包括：曾巩的《趵突泉》，赵抃的《题刘诏寺丞槛泉亭》，晁补之的《将别历下》，苏辙的《和孔武仲济南四咏·槛泉亭》四首（注：以上诗文均以《济南泉水志》所载版本为准）。

1.《趵突泉》曾巩

《趵突泉》

曾巩

一派遥从玉水分，暗来都洒历山尘。

滋荣冬茹温常早，润泽春茶味更真。

已觉路傍行似鉴，最怜沙际涌如轮。

曾成齐鲁分疆会，况托娥英诧世人。

以下是关于诗歌中字词的解释。

“玉水”：济南南部的一条河流；“历山”：现济南市城区南侧的“千佛山”；“冬

茹”：低温下生长的菌类植物；“鉴”：镜子；“怜”：喜爱；“轮”：车轮；“齐鲁分疆会”：指公元前694年，齐国国君齐襄公，与鲁国国君鲁桓公会面于“泺”（传即“趵突泉”），谈论两国边界问题；“娥英”：指“娥英祠”，“趵突泉”旁边，自古有祭祀舜的王妃“娥皇”“女英”的祠堂。

诗中提到了“玉水”和“历山”，表明了曾巩对“趵突泉”的发源，已经形成了较为科学、理性的理解。“茹”与“茶”，展现了泉水在供人烹饪、饮用方面发挥的作用。后又提到泉池周边有路，说明了当时“趵突泉”周边已经有了一定的人工建设。而他最喜欢“趵突泉”中喷涌的泉水，以“车轮”比拟泉水，疑似受到北魏时期郦道元《水经注》记载（“泉源上奋，水涌若轮”）的影响。最后提及了“趵突泉”的相关历史，包括春秋时期齐襄公与鲁桓公之间关于国境划分的会谈；还有关于舜的王妃娥皇与女英的传说和祠庙。其中既有实际的泉水景观，也有诗人的联想。但其所联想到的事物基本都真实存在，说明诗人及其所处时代（宋代）都较为理性务实。诗中先实后虚，以景抒情或借景抒情也是我国传统诗歌中较为常见的表现手法。具体的景观分类见列表（表4-21和表4-22）。

曾巩《趵突泉》中的景观要素及类型划分（实际景观）　　表4-21

	实际景观	
	视觉景观	味觉景观
泉池	“沙际”	—
植物	—	“冬茹”“春茶”
建筑	“娥英”（祠庙）	—
总计	2	2

曾巩《趵突泉》中的景观要素及类型划分（虚拟景观）　　表4-22

	虚拟景观	
	联想景观	想象景观
泉水	—	“轮”
泉池	—	“鉴”
川	“玉水”	—
山	“历山”	—
历史	“齐鲁分疆会”	—
总计	3	2

2.《题刘诏寺丞槛泉亭》赵抃

《题刘诏寺丞槛泉亭》

赵抃

泉名从古冠齐丘，独占溪心涌不休。

深似蜀都分海眼，势如吴分起潮头。

连宵鼓浪摇明月，当暑迎风作素秋。

亭上主人留我语，只将尘事指浮沤。

以下是关于诗歌中字词的解释。

“齐丘”：可能指山东半岛在地理上多丘陵，以其代表山东；“蜀都分海眼”：传说古代蜀地的都城（今四川省成都市）有一处“海眼”，连通大海；“吴分起潮头”：可能是指吴地的钱塘江大潮（今浙江省杭州市）。“宵”：夜晚；“暑”：夏季；“素秋”：秋季；“亭”：槛泉亭；“尘事”：尘世中的事情；“浮沤”：浮起的泡沫。

诗中提到了“齐丘”，展现了古人对山东地理状况的了解。“溪心”说明当时可能并未专门以人工建设泉池，泉眼位于溪流中央。泉水喷涌的水势让诗人想起了当时盛行的成都“海眼”传说；同时想起了浙江的钱塘江大潮，以此证明“趵突泉”水势浩大（说明诗人在表达时侧重旁征博引，以示自身见识广博或胸怀天下；旁征博引有可能也便于传播，有补充说明的作用）。之后又形容泉水在夜晚可以摇动月亮的光辉，带起的水汽让夏天有了秋天的感受。最后交代了诗歌创作的背景，和作者当时暂时“出世”的心情。具体的景观分类见列表（表 4-23 和表 4-24）。

赵抃《题刘诏寺丞槛泉亭》中的景观要素及类型划分（实际景观）　　表 4-23

	实际景观	
	视觉景观	触觉景观
泉池	“鼓浪”“浮沤”	—
川	“溪”	—
天体	“明月”	—
人物	“主人”“我”	—
建筑	“亭”	—
季节	—	“暑”
天气	—	“风”
时间	“宵”	—
总计	8	2

赵抃《题刘诏寺丞槛泉亭》中的景观要素及类型划分（虚拟景观）　　表 4-24

	虚拟景观	
	联想景观	想象景观
泉眼	—	“海眼”
泉水	“潮头”	—
地方	“蜀都”“吴分”“齐丘”	—
季节	“素秋”	—
总计	5	1

3. 《将别历下》晁补之

《将别历下》

晁补之

来见红蕖溢渚香，归途未变柳梢黄。

殷勤趵突溪中水，相送扁舟向汶阳。

以下是关于诗歌中字词的解释。

“红蕖”：红色的荷花；“渚”：水中的小片陆地；“柳梢”：柳树树枝的末端；“殷勤”：本意是指对他人的态度热情，这里指“趵突泉”泉水喷涌不停的状态；“趵突”：指“趵突泉”；“扁舟”：小船；“汶阳”：地名，位于“汶水”河北侧。

这是一首较为简单、直白的离别诗。作者首先回忆了刚来时见到的红色荷花，还有闻到的花香。等到要离开时，看见泛黄的柳树。荷花有未见其物先闻其香之意，柳树是远远看到的视觉景观。作者通过荷花（花期为6～9月）和柳树（约10月开始变黄）巧妙地标定了自己来时和去时的时间或季节。“趵突泉”其时仍在溪流中，可见水量巨大，且未经人为建置。从景观描述与时间标定都非常写实，与曾巩的诗作风格一致，可见宋代较为写实、理性的诗歌风格。如今济南市仍将“荷”与“柳”作为城市的标志，可见在济南大量种植的历史已经至少上千年了。“趵突泉”被赋予了人的性格，让作者感觉好像在送他乘船漂向“汶阳”。具体的景观分类见列表（表4-25和表4-26）。

晁补之《将别历下》中的景观要素及类型划分（实际景观）　　表4-25

	实际景观	
	视觉景观	嗅觉景观
川	“溪”	—
植物	“红蕖”“柳梢黄”	“香”
交通	“扁舟”	—
总计	4	1

晁补之《将别历下》中的景观要素及类型划分（虚拟景观）　　表4-26

	虚拟景观	
	联想景观	想象景观
泉水	“殷勤”（拟人处理）	—
地方	—	“汶阳”
总计	1	1

4.《和孔武仲济南四咏·槛泉亭》苏辙

《和孔武仲济南四咏·槛泉亭》

苏辙

连山带郭走平川，伏涧潜流发涌泉。

汹汹秋声明月夜，蓬蓬晓气欲晴天。

谁家鹅鸭横波去，日暮牛羊饮道边。

滓秽未能妨洁净，孤亭每到一依然。

以下是关于诗歌中字词的解释。

“郭”：城郭、城池；“平川”：平原；“涧”：山间的水道；“潜流”：隐藏的水道；“汹汹”：形容声势浩大；“秋声”：秋天特有的声音，虫声、落叶声等；“蓬蓬”：稠密而杂乱；“晓气”：清晨的雾气；“滓秽”：污浊的东西（结合前文可能是指家禽、家畜的粪便）；“孤亭”：槛泉亭。

这首诗如同曾巩的《趵突泉》一样，开篇说明了泉水的来源。不同的是，苏辙描写的是“趵突泉”从日暮到夜晚的景色。与赵抃相同的是都在皓月当空的夜晚欣赏泉水；不同之处在于赵抃观赏的时间是在夏天，苏辙是在秋天。在后半篇诗文中，苏辙描写了一幅乡野画卷，包括水中的鹅、鸭，道边的牛、羊。最后一句将重点转回泉水，利用环境的污浊，衬托泉水的洁净。苏辙在最后说明了自己经常到“槛泉亭”观赏风景。在他眼中，“趵突泉”与“槛泉亭”相伴成为一组恒久的景观组合。整首诗延续了前面几首诗写实为主、合理想象的特点：合理推测泉水来源，忠实记录所见景物，标记游览时间（昼夜、季节皆备），记述观景人物（观景的频次、去向或动作），是诗歌的同时也像“日记”，延续了所引宋诗写实、理性的风格。具体的景观分类见列表（表4-27和表4-28）。

苏辙《和孔武仲济南四咏·槛泉亭》中的景观要素及类型划分（实际景观）　表4-27

	实际景观	
	视觉景观	听觉景观
泉水	“涌泉”	—
天体	“明月”	—
动物	“鹅”“鸭”“牛”“羊”	—
建筑	“孤亭”	—
季节	—	“秋声”
天气	“晓气”	—
时间	“夜”“日暮”	—
交通	“道”	—
总计	11	1

苏辙《和孔武仲济南四咏·槛泉亭》中的景观要素及类型划分（虚拟景观）　表4-28

	虚拟景观
	联想景观
川	“平川”“涧”“流”
山	“山”
建筑	“郭”
总计	5

综上所述，宋代与“趵突泉”有关的诗，展现出以下特点：总体分布上，以描写实际景观为主，景观联想为辅，虚拟景观为次要。其中的联想景观比例远大于想象景观，而鉴于受古代科学技术水平所限，虚无的想象景观可能被诗人认为是真实存在的，因此更加展现出写实、理性的风格。实际景观方面，首先着重于表现泉水喷涌的状态（泉眼、泉水共占比10.2%），其次是泉水汇聚的状态（占比8.16%）。其中两首诗都提到了“溪”，疑似泉眼原来处于溪流中，没有提到任何与泉池相关的人工建设。山、

川占比共16.32%，植物占比10.20%，结合苏辙诗作中描述的郊野场景（出现4种人工饲养或野生的动物），可以证明宋代的“趵突泉”周边整体环境处于较为自然的状态。建筑方面，“娥英祠”可以证明存在时间较早；“槛泉亭”是当时文人聚集、观景的场所。游览时间方面，出现了较多夜间游览的场景，推测当时文人有“夜游”的习惯（两次提到“明月”，一次提到“夜”，一次提到“日暮”），但同时提到了“明月”，说明即使是在夜晚，文人在观赏“趵突泉”时，也是倾向于对视觉景观的欣赏，并与白天的观景相区别。未提及声景可能是泉水声与溪流声混杂；也可能未以石板聚拢泉眼，形成当今规模。景观联想与想象方面，作者们所产生的景观联想、想象也都是对“趵突泉”发源地等事物的合理联想、想象，以及对泉水喷涌势头的较为客观的描述。整体风格较为写实，具有一定的乡野生活气息，真实反映了当时状况（表4-29和表4-30）。

宋代（北宋）“趵突泉”诗中的景观要素类型及所占比例（主观角度） 表4-29

	实际景观					虚拟景观		总计
	视觉	味觉	触觉	嗅觉	听觉	联想	想象	
《趵突泉》（曾巩）	2	2	0	0	0	3	2	9
《题刘诏寺丞槛泉亭》	8	0	2	0	0	5	1	16
《将别历下》	4	0	0	1	0	1	1	7
《和孔仲武济南四咏·槛泉亭》	11	0	0	0	1	5	0	17
总计	25	2	2	1	1	14	4	49
所占比例	51%	4.1%	4.1%	2%	2%	28.6%	8.2%	
	63.3%					36.7%		

宋代（北宋）“趵突泉”诗中的景观要素类型及所占比例（客观角度） 表4-30

	《趵突泉》（曾巩）	《题刘诏寺丞槛泉亭》	《将别历下》	《和孔仲武济南四咏·槛泉亭》	总计	比例
泉眼	0	1	0	0	1	2.04%
泉水	1	1	1	1	4	8.16%
泉溪	2	2	0	0	4	8.16%
山	1	0	0	1	2	4.08%
川	1	1	1	3	6	12.24%
建筑	1	1	0	2	4	8.16%
植物	2	0	3	0	5	10.20%
动物	0	0	0	4	4	8.16%
交通	0	0	1	1	2	4.08%
地方	0	3	1	0	4	8.16%
人物	0	2	0	0	2	4.08%
季节	0	2	0	1	3	6.12%
天气	0	1	0	1	2	4.08%
时间	0	1	0	2	3	6.12%
历史	1	0	0	0	1	2.04%
天体	0	1	0	1	2	4.08%

4.2.2　明代“趵突泉”诗

本研究选取与“趵突泉”有关的明代诗，包括：王守仁的《趵突泉，和赵雪松韵》，胡瓒宗的《咏趵突泉》，王象春的《趵突泉》（注：以上诗文均以《济南泉水志》所载版本为准），刘敕的《趵突泉》（注：以刘勅《历乘》所载版本为准）四首。

1.《趵突泉，和赵雪松韵》王守仁

《趵突泉，和赵雪松韵》

王守仁

泺源特起根虚无，下有鳌窟连蓬壶。

绝喜坤灵能尔幻，却愁地脉还时枯。

惊湍怒涌喷石窦，流沫下泻翻云湖。

月色照衣归独晚，溪边瘦影伴人孤。

以下是关于诗歌中字词的解释。

“泺源”：“泺水”源头，指“趵突泉”；“特”：特殊的，不同于一般的；“鳌窟”：巨龟的洞穴；“蓬壶”：东海“三仙山”中的“蓬莱”，形状如同“壶”；“坤灵”：大地；“尔”：这；“幻”：奇观；“地脉”：“风水”中指土地的脉络，这里指水脉；“窦”：空，指代洞穴。

作者将“趵突泉”的源头归为“虚无”世界。一方面体现了作者受到的道教文化的影响，另一方面体现了作者对“趵突泉”这一自然奇观的肯定。随后更为具体地说明了泉水通过“鳌窟”涌出，而其源头来自“蓬壶”，体现了一定的神仙思想，并将自己见到“趵突泉”时，又惊喜又忧愁的复杂心情表达出来。“坤灵”和“地脉”都是道教或风水学中对大地的称谓，有一定的神仙色彩，更显“趵突泉”的珍贵。随后对泉水喷涌和汇聚的状态进行描写，此时泉水状态与宋代疑似已有所不同。最后表达了作者独自夜游之后，归家时孤独的心情。这其中也交代了游览的时间为夜晚。“溪”可能是指与宋代时相同，“趵突泉”未经大规模人工建设的原始状态（王守仁所处年代恰好与“三股水”形成时间相重合，即 15 世纪末至 16 世纪初）；也可能是归途中泉水流出后形成的溪水。具体的景观分类见表 4-31 和表 4-32。

王守仁《趵突泉，和赵雪松韵》中的景观要素及类型划分（实际景观）　表 4-31

	实际景观
	视觉景观
泉眼	“泺源”“石窦”
泉水	“惊湍”“怒涛”
泉池	“云湖”“流沫”
川	“溪”

续表

	实际景观
	视觉景观
天体	“月”
人物	“瘦影”
时间	“晚”
总计	10

王守仁《趵突泉，和赵雪松韵》中的景观要素及类型划分（虚拟景观）　表 4-32

	虚拟景观
	想象景观
动物	“鳌窟”
仙境	“坤灵”“地脉”“虚无”“蓬壶”
总计	5

2.《咏趵突泉》胡瓒宗

《咏趵突泉》

胡瓒宗

王屋流来山下泉，清波聊酌思泠然。

云含雪浪频翻地，河涌三星倒映天。

滚滚波涛生海底，芃芃蕊萼散城边。

秋光一片凌霄汉，最好乘槎泛斗前。

以下是关于诗歌中字词的解释。

“王屋”：王屋山，道教认为其为第一仙山，部分古人认为“趵突泉”来自王屋山；“聊”：略微；“酌”：饮酒；“泠然”：清凉；“三星”：三个星辰，指“趵突泉”涌出的三股泉水（胡瓒宗所处年代略晚于王守仁，此时趵突泉周边可能已有较多人工建置，形成了“三股水”，体现了明代的城市建设成就）；“芃芃”：繁盛的样子；“蕊萼”：花蕊与花萼，指代花朵；“秋光”：秋天的风光；“霄汉”：指代高空；“槎”：木制的筏子；“斗”：星辰，指南斗星或北斗星。

这首诗体现了作者丰富的想象力和浪漫的情怀。作者猜测“趵突泉”发源于道教著名的仙山“王屋山”。接着描写了自己在泉边饮酒的场景，表达了清凉的感受。对泉水的描写中，以云和雪比喻泉水的浪花与泡沫，将“趵突泉”的三股水比喻为天上的星星。秋天的风景与天空一起倒映在水面上。通过“槎”与“斗”的组合，作者将水、天给人的连通感受表达了出来。诗中以“星”和“斗”比喻泉水，其中掺杂着对于“趵突泉”三股泉水的喜爱。具体的景观分类见表 4-33 和表 4-34。

胡瓒宗《咏趵突泉》中的景观要素及类型划分（实际景观）　　表 4-33

	实际景观
	视觉景观
泉水	“雪浪”“波涛”
泉池	“清波”“云”“霄汉”
地方	“城边”
季节	“秋光”
总计	7

胡瓒宗《咏趵突泉》中的景观要素及类型划分（虚拟景观）　　表 4-34

	虚拟景观	
	联想景观	想象景观
地方	“王屋”	—
泉水	“三星”“斗”	“海底”
植物	“蕊萼”	—
交通	“槎”	—
总计	5	1

3.《趵突泉》王象春

《趵突泉》

王象春

嗟余六月移家远，总为斯泉一系情。

味沁肝脾声沁耳，看山双眼也添明。

以下是关于诗歌中字词的解释。

“嗟”：感叹；“余”：我；“移”：离开；“斯”：这；“沁”：（气味、液体等）浸入或渗入；“肝脾”：代指身体；“添”：增加、改善；“明”：视力。

这是一首离别诗。诗的前半部分，作者直接表达了对家和“趵突泉”的怀念。诗的后半部分，作者对泉水给人带来的嗅觉和听觉方面的感受进行了赞扬。直接用“肝”“脾”“耳”“眼”多个器官去表达，说明这样的感受让自己的身体和心情都感到舒畅。与其他所引明代诗不同，较少景物描写而以抒情为主，也未见明代盛行的道教文化影响。可能与作者所处时代和境遇相关，其仕途坎坷，辞官时曾长居于泉边。具体的景观分类见表 4-35。

王象春《趵突泉》中的景观要素及类型划分　　表 4-35

	实际景观		
	视觉景观	听觉景观	味觉景观
泉水	—	“声”	“味”
山	“山”	—	—
地方	“家”	—	—

续表

	实际景观		
	视觉景观	听觉景观	味觉景观
人物（五官）	“肝”“脾”“耳”“眼”	—	—
总计	6	1	1

4. 《趵突泉》刘敕

《趵突泉》

刘敕

波心三玉树，一望景堪嘉。

映月翻金屑，随风散雪花。

光摇石槛动，影拂板桥斜。

两岸垂杨里，扶疏见酒家。

以下是关于诗歌中字词的解释。

“玉树”：玉质的树，这里指“趵突泉”三股泉水；“堪”：能够、可以；“金屑”：金子或金色的碎屑，这里指水波倒映的月光；“雪花”：这里指浪花产生的泡沫；“石槛”：石质栏杆；“扶疏”：枝繁叶茂的样子；“酒家”：酒馆。

这是一首写景诗。作者以“趵突泉”中的三股泉水为核心，逐渐由内向外描写开来。第一句对以“三股水”为核心的景致进行了总体描写和判断；第二句细致描写夜晚观赏泉水时，喷涌着的泉水的状态；第三句开始，视觉焦点从核心的泉水，转向了泉池的波动所产生的光线的变化，以及对周围景物造成的影响；最后一句交代了泉池旁侧种植的垂杨，以及枝条掩映下的酒馆。从石质栏杆和石板桥来看，诗人所处的明代末期，“趵突泉”泉池已经有了较为完整、成熟的人工建置，配套齐全且有商业发展迹象。作者所描述的景观与现今“趵突泉”周边的景色已经有了较大的相似度。“映月”疑似表现了“夜游”的传统。与其他明代诗相比，没有体现宗教文化影响，情绪表达也较为含蓄，体现了写实的风格与生活化的特征。具体的景观分类见表 4-36 和表 4-37。

刘敕《趵突泉》中的景观要素及类型划分（实际景观）　　表 4-36

	实际景观
	视觉景观
泉水	“玉树”
泉池	“光摇”“影拂”
天体	“月”
植物	“垂杨”
建筑	“石槛”“板桥”“酒家”
天气	“风”
总计	9

刘敕《趵突泉》中的景观要素及类型划分（虚拟景观）　　表 4-37

	虚拟景观
	联想景观
泉水	“金屑”“雪花”
总计	2

明代与“趵突泉”有关的诗，展现出以下特点。总体分布上，以描写实际景观为主，景观联想为辅，虚拟景观中的联想与想象比例相近（分别为 14.9%、12.8%），较宋代诗有所提高。实际景观方面，王守仁与胡瓒宗的诗，继承了宋代着重于表现泉水喷涌的状态（泉眼及泉水共占比 29.79%），其次是泉水汇聚的状态（泉池占比 14.89%）。王象春着重表达个人感受，提及了更为细节的嗅觉与听觉感受。刘敕在描写泉水状态的基础上，着重描写整体环境，尤其是建筑环境。与宋代不同之处在于诗中不再提及泉水与“溪”在同一环境中，说明环境发生了一定改变，泉水与自然状态中的溪水环境产生了隔离。人工建置方面，王守仁与胡瓒宗并未提及建筑；自胡瓒宗诗作中，人工改造而成的“三股水”开始出现，人工建置逐渐完善；刘敕则详细描写了石质栏杆（“石槛”）与石板桥（“板桥”），还有提供酒的商家（“酒家”）。可见济南城市建设至明代末期，在“趵突泉”周围已经初具规模。游览时间方面，明代文人应当部分继承了宋代文人夜间游览“趵突泉”的习惯（两次出现“月”，一次出现“夜”）。景观联想与想象方面，王守仁体现出了强烈的道教思想的影响，胡瓒宗则部分体现了这种影响。与宋代相比，明代整体风格在前期（王守仁）偏向虚无，后期（王象春与刘敕）则较为写实，具有一定的市井生活气息，可能受城市发展与资本主义萌芽的影响，风格更加理性、务实（表 4-38 和表 4-39）。

明代“趵突泉”诗中的景观要素类型及所占比例（主观角度）　　表 4-38

	实际景观					虚拟景观		总计
	视觉	味觉	触觉	嗅觉	听觉	联想	想象	
《趵突泉，和赵雪松韵》	10	0	0	0	0	0	5	15
《咏趵突泉》	7	0	0	0	0	5	1	13
《趵突泉》（王象春）	6	1	0	0	1	0	0	8
《趵突泉》（刘敕）	9	0	0	0	0	2	0	11
总计	32	1	0	0	1	7	6	47
所占比例	68.1%	2.1%	0%	0%	2.1%	14.9%	12.8%	
	72.3%					27.7%		

明代“趵突泉”诗中的景观要素类型及所占比例（客观角度）　　表 4-39

	《趵突泉，和赵雪松韵》	《咏趵突泉》	《趵突泉》（王象春）	《趵突泉》（刘敕）	总计	比例
泉眼	2	0	0	0	2	4.26%
泉水	2	5	2	3	12	25.53%

续表

	《趵突泉，和赵雪松韵》	《咏趵突泉》	《趵突泉》（王象春）	《趵突泉》（刘敕）	总计	比例
泉池	2	3	0	2	7	14.89%
山	0	0	1	0	1	2.13%
川	1	0	0	0	1	2.13%
建筑	0	0	0	3	3	6.38%
植物	0	1	0	1	2	4.26%
动物	1	0	0	0	1	2.13%
交通	0	1	0	0	1	2.13%
地方	0	2	1	0	3	6.38%
人物	1	0	4	0	5	10.64%
季节	0	1	0	0	1	2.13%
天气	0	0	0	1	1	2.13%
时间	1	0	0	0	1	2.13%
历史	0	0	0	0	0	0
天体	1	0	0	1	2	4.26%
仙境	4	0	0	0	4	8.51%

综上所述，“趵突泉”相关的泉水诗，展现出了以客观实在的泉水带来的视觉景观为主（宋代占比51%，明代68.1%），味觉（宋代占比4.1%，明代2.1%）、听觉（宋代占比2%，明代2.1%）、嗅觉（宋代占比2%，明代0）、触觉（宋代占比4.1%，明代0）为辅的景观特性。宋代较明代体现出更多郊野化、生活化特征，明代则在初期受丰富想象和宗教文化的影响，后期逐步体现出城市化、市井化特征。对于相关具体建设情况的描述，根据时代发展有所变化，符合事物发展的基本规律。具体而言，例如宋代（北宋）“趵突泉”周围以郊野景色为主；明代“趵突泉”周围开始出现人工建置，并逐渐趋于完整、精致。明代诗较宋代诗中所提到的景观，泉水相关景观要素逐渐增加并占据主体地位，体现了园林景观建设的成就，人的主体意识也开始增强（泉眼占比增长2.22%；泉水增长17.37%；泉池增长6.73%；人物增长6.56%），自然因素主导的景观比率逐渐减少（植物占比减少5.94%；动物减少6.03%）。宋代诗词中的虚拟景观比例多于明代（宋代占比36.7%；明代27.7%），但以对泉水和实际景物之间的联想为主，而非无据的空想。明代想象景观比例增加，体现了文化积累、演变与城市建设成就的影响，同时在一定程度上说明了城市扩张，郊野向更远处挪移，抑制了人们的想象空间。由此可见，人们在体验、记录实际景观的基础上，受到个人境遇、所处时代科技发展的局限，与部分宗教信仰的影响，对“趵突泉”这一自然景观产生了基于中国古典文化背景的丰富想象与深厚情感。从文人“夜游”的习惯方面而言，文人文化具有相当的继承性（表4-40和表4-41）。这些都可以为现代园林景观建设与文旅开发提供参照与借鉴。例如在处于城市中心建设较为完善的泉群中，以明清两代为参照，还原古代城市生活，引入地方非遗，开辟独立场地，或借由夜色掩映，塑

造城市化、市井化的旅游消费场景；在处于城市郊野的泉群中，则可以按照宋代记载塑造偏向郊野化、乡村化的旅游消费场景，使城内城外形成差异，丰富游客体验，加强以泉水为核心的文游相关建设。

宋代（北宋）与明代“趵突泉”诗中的景观要素类型的比例对照（主观角度）表 4-40

	实际景观					虚拟景观	
	视觉	味觉	触觉	嗅觉	听觉	联想	想象
宋代（北宋）所占比例	51%	4.1%	4.1%	2%	2%	28.6%	8.2%
	63.3%					36.7%	
明代所占比例	68.1%	2.1%	0	0	2.1%	14.9%	12.8%
	72.3%					27.7%	
增幅	+9%					−9%	

宋代（北宋）与明代“趵突泉”诗中的景观要素类型的比例对照（客观角度）表 4-41

	宋代		明代		增幅
	总计	比例	总计	比例	
泉眼	1	2.04%	2	4.26%	+2.22%
泉水	4	8.16%	12	25.53%	+17.37%
溪流或泉池	4	8.16%	7	14.89%	+6.73%
山	2	4.08%	1	2.13%	−1.95%
川	6	12.24%	1	2.13%	−10.11%
建筑	4	8.16%	3	6.38%	−1.78%
植物	5	10.20%	2	4.26%	−5.94%
动物	4	8.16%	1	2.13%	−6.03%
交通	2	4.08%	1	2.13%	−1.95%
地方	4	8.16%	3	6.38%	−1.78%
人物	2	4.08%	5	10.64%	+6.56%
季节	3	6.12%	1	2.13%	−3.99%
天气	2	4.08%	1	2.13%	−1.95%
时间	3	6.12%	1	2.13%	−3.99%
历史	1	2.04%	0	0	−2.04%
天体	2	4.08%	2	4.26%	+0.18%
仙境	0	0	4	8.51%	+8.51%

第三节　文史钩沉：“品题”“集景”与“七十二泉”来源

除以上描写泉水的诗之外，“四大泉群”相关园林与景观的发展还包含了景观、园林名称及相关的匾额和对联、石刻等构成的“品题”现象；还有更为复杂的，以更大地域范围（济南市范围内）为创作背景的“集景”现象，包括“七十二泉”“济南八景”等。“品题”文化是“集景”文化的重要基础，相关“品题”“集景”创作，都是中国古典文化中较为普遍的文化现象，而其结合本地泉水资源与景观进行的创作，其内容也不仅限于“四大泉群”，易追求形式而忽略内容。因此在“四大泉群”园林与景观的文化特性表现方面，相关创作不如泉水名称（“七十二泉”创作以泉名为基础）、泉水诗更为贴近实际的，以泉水为代表的自然景观及其衍生出的地域文化。因此将“品题”“集景”“七十二泉”，置于文化特性部分的最后进行分析。此研究将在更为广阔、繁杂的中国古典文化背景中进行，包括对“品题”与“集景”文化的分析，以及对由“集景”文化衍生出的“七十二泉”中“七十二”这一数字来源及象征意义的分析。其间结合“四大泉群”进行举例说明，总结其文化特性。

4.3.1 中国传统“品题”文化

在中国传统文化中，“品题”既是一种客观的审美行为，也是一种主观的创作行为。在对“品题”的解释中，“品题”一方面是指对文学艺术作品，或风景、园林的品评行为；另一方面也是指评价者撰写的诗、词、匾额、对联等以文字为表现的，新创作的文学作品。“品题”文化也是古代文人参与古典园林创作与风景名胜区建设的主要形式之一。以下将对其内容、形式等方面进行具体分析。

刘家麒列举了中国古典文化中多样的“品题”对象。其中包括“诗”“词”“书”“画”“印”“砚”“墨”“琴”“棋”“曲”“石”“花”“茶”“酒”。同时他也提到，所有中国古典艺术形式都可以作为品味的对象。作为众多中国古典艺术凝练而成的中国古典园林，自然成为“品题”文化的重要组成部分。在中国古典园林发展的前期，园林的名称与诗、书、画等文学艺术创作的发展程度相匹配，形式与内容较为简单、直白，大部分仅仅以园林的主人或园林的位置作为园林的名称。例如西晋时期石崇的园林位于“金谷涧”，便称为“金谷园”；唐代王维将园林建于“辋川”，所以称为“辋川别业”；白居易的“庐山草堂”以所在地“庐山”命名。除了以所在地理位置命名的园林之外，也有以人的名称或姓氏，甚至以官职命名的园林。例如“董氏西园”“叶氏石林”等（在“四大泉群”历史上出现过的园林中，也有以姓氏、家族命名的园林，例如“张家园”“王氏南园”等）。这一阶段的中国古典文化仍处于成长期，少有发展成熟且为大众所普遍接受的文化现象。在中国古典园林发展的后期，随着中央权力集中的加强，文人地位、创作欲望降低，前期文化积累达到一定程度等因素的影响，开始出现大量引用经典的园林名称。例如明代王献臣的“拙政园”，名称取自西晋时期潘岳的《闲居赋》一文。清代任兰生的“退思园”，名称取自《春秋左传》。“退思”不仅是引用了经典的文章，也表达了园林主人远离朝堂和俗世的造园目的。与此相同的还有清代沈秉成建造的“耦园”，“耦”通“藕”，表达夫妇二人一同隐逸之意。由此可见，中国古典园林不同时期的园林名称与其他相关“品题”，随着中国古典文化的发展阶段的变化而变化。与此不同的是，“四大泉群”历史上各园林的命名，则大部分以其地理位置、所处场所、相近泉水的名称、主人名称四个类型为主。这体现了济南市的泉水园林，从自然资源角度和文化角度而言，都具备相当程度的独立性和特殊性。这导致了“四大泉群”园林与景观，既远离皇权为中心的北京，也远离文人隐逸的江南，并且始终与民间文化紧密联系（与其他园林与风景名胜区多处于郊野不同，济南泉水分布于人口密集且建设程度较高的城市内外），保持了一定的稳定性和创新性。

结合计成在《园冶》中对中国古典园林构成要素的理解，“品题”文化延伸至具体的园林建设，主要表现为以下几个方面。首先是园林建设位置的选择。《园冶》中的“相地”对应了对自然风景的品味与评价。“山林地”与“江湖地”对应了远离世俗的山、川、湖、海；“村庄地”与“郊野地”对应了乡村，或人烟较少的城市周边地区；“城市地”位于城市之中，“傍宅地”依附于住宅。从中可见，自然风景条件优良且远离城市的“山林地”与“江湖地”，最适合建造园林。其次是“村庄地”与“郊野地”，最差是“城市地”与“傍宅地”。对审美的判断标准表现出以自然风景所占比重的增加而提高，随其减少而降低的特征。对自然风景的热爱，奠定了“品题”创作中自然景物的主要地位。中国古典文化中，对不同环境中自然属性风景的优劣划分，也深刻影响了后文将要阐释的“集景”文化。每个隶属于“八景”“十景”的独立景观，在成为组合之前，首先被赋予了自身独立的景题。

在园林的位置选择之后，建筑成为评价的主体。建筑最初要选定在园林中的位置，然后奠定基础。选定位置时要以园中自然的风景为目标。建筑无论形制如何，规模大小，都需要与园林的地形起伏，水、石、植物相配合。因此在对园林中的景色进行品味与评价时，建筑不仅定位了观赏者在园林中的坐标，建筑的名称也成了“标注”景观特点，对景观进行品味与评价的载体。例如苏州“留园”的“涵碧山房”“闻木樨香轩”“清风池馆”“濠濮亭”，还有“拙政园”的“玉兰堂”“海棠春坞”“远香堂”等建筑。这些建筑的名称，都是为了凸显景观（以植物为主）而命名的，其中也有部分同时引用了历史更为久远的诗词中对相同景物的描写。在“四大泉群”的园林与景观建置中，建筑的命名大多以相近的泉水命名，例如“九女亭”（临近“九女泉”），也有少部分进行了再次创作，例如“趵突泉”泉池一侧的“观澜亭”，与“珍珠泉”泉池一侧的“浮玑亭”，两者都是对泉水出露状态的描写。除了建筑名称（以“匾额”为主要存在形式）之外，还有以“对联”为主要形式，对景观进行更多解释与延伸的“品题”现象。苏州“留园”的“闻木樨香轩”有一副对联：“奇石尽含千古秀，桂花香动万山秋。”在以建筑名称含蓄表达景观要素之后，进一步点明了作为园林与景观审美主体的“奇石”与“桂花”。“四大泉群”园林与景观建筑中的“九女亭”（“九女泉”一侧），除了亭名匾额之外，两侧还有节选杜甫的诗句所刻的对联：“天上秋期近，人间月影清。”不仅点明了“九女泉”的名称来源（即天上九位仙女下凡的传说），也怀念了对济南贡献良多的唐代诗人杜甫，同时吸引游人在此观赏水中月亮的倒影。起到了引发想象、怀念古人、引导游人、点明景致的作用，明确了景观背后的多重含义。除了依附于建筑之外，还有相对独立的景观“品题”现象。例如“漱玉泉”泉池旁边所立的

“鸢飞鱼跃”碑，着重描写了一种场景，但与泉水关联性较弱，独特性、创新性不足。这一类型在“四大泉群”中影响较低，因此不再赘述。

综合以上分析，可以看出中国传统“品题”文化对园林与景观的深刻影响。在崇尚自然的中国古典园林中，“品题”在尊重自然的同时，成为抒发主人与游人观景的感受与想象的一条重要途径。其以匾额、对联、石刻等形式点缀在园林中，是建立在园林（空间上代表了“自然”与“隐逸”的理想世界；时间上代表了四季变化，日夜交替，以自然景物的兴衰为线索）、园林主人与园林之外的世界（空间上代表了“世俗”与“朝堂”的现实世界；时间上代表了历代文人的传承关系，以引用经典为线索），三者之间联系的时间与空间上的坐标和线索。

4.3.2 中国传统“集景”文化

中国传统“集景”文化，也称为“景观集称”文化。简而言之，“集景”或“景观集称”的含义，就是在一定的地域范围内挑选出数量相对固定的多处经典景观加以命名，进一步形成风景观光及诗画创作、园林营造等文学艺术活动的典型客体。从地域范围而言，地域范围较小时，以某一风景名胜区、园林、寺观内的多个景观组成；地域范围较大时，以城市或近似面积的区域内的多个景观组成。数量方面以“八景”“十景”等最为常见。从文学表达角度而言，隶属“集景”中的各个经典景观，其名称大部分以 2～5 个汉字组成，以 4 字最为常见。其语言简单，不作更为具体的描述，从而为受众留出了想象、寻找、阐释的空间，具有诗歌的特征（部分名称甚至直接节选自“集景”诗）。这也为景观组合之后的诗歌、绘画创作留出了创作空间，设定了一种“游戏规则”。从中可以看出“品题”文化在“集景”文化中的基础作用。从表达内容而言，其中的景观包括但不仅限于地形（山、水等）、动物、植物、人（渔翁、樵夫）、季节、时间、天体（日、月、星辰）等。数量方面，通常由其中的两种至四种组成。景观类型方面，以视觉景观、听觉景观、嗅觉景观为主。推测因为地域范围涉及较大，又多在人迹罕至的郊野地带，观景位置较远，所以较少出现触觉景观及味觉景观。与此相关的数字文化，将在后文中的“七十二”来源部分进行分析。本部分将着重分析“八景”“十景”等历史延续较为久远且影响广泛的“集景”文化现象。

从发展脉络而言，“集景”文化经历了萌芽期、生长期、成熟期三个阶段。如果将中国古典数字文化作为起点，“集景”文化的萌芽期可追溯至周代以前。从与景观相互间影响最大的文学、绘画（主要的传播介质）角度而言，萌芽期开始于魏晋南北朝时期，以南朝时期沈约建造的“元畅楼”（后在宋代被改为“八咏楼”）并作“八咏诗”作为标志。“八咏诗”以五个字为题，写作了八首诗歌。其中开始出现空间、时间、自然景物等“集景”文化的典型要素。在此之前，中国古典文化中不断积累的数字文化，奠定了数字在文学、艺术、景观中的影响。因此，唐代以前都可以视为“集景”文化的萌芽期。

“集景”文化在唐代进入蓬勃的生长期。唐代是“集景”文化发展最快的时期，诗歌的创作高峰为此做出了极大贡献。积极外向的社会氛围，与诗人们强烈的创作欲望，带动了诗歌组合的出现。但当时描写景观的诗歌组合，其数量并不固定。吴庆洲在《中国景观集称文化研究》中，整理了唐代景观诗歌组合的部分例证（表4-42）。由此可见，当时的景观组合与诗歌组合开始出现，数量方面仍未定型。但“八景”“十景”“二十景”等典型数量的景观组合已经开始凸显（图4-5）。除了组合数字之外，这一时期处于“集景”组合中的经典景观，直接以景观进行命名（例如“辋川别业”中的“金屑泉”“文杏馆”等），而未形成以字数或内容加以限制的固定格式。同样，部分诗人、画家直接以景观的名称作为诗歌、绘画的名称（表4-43）。柳宗元为自然山水景观创作“永州九记”。他还将被贬至永州时居所周围的8处自然景观称为“永州八愚”。在唐代，虽然诗歌与景观之间的融合程度较低，景名并未出现由字数或其他固定内容形成的统一格式，但景观的命名已经显露出“诗化”的趋向，这是唐代“集景”文化的共同特征。

唐代景观诗中包含的诗歌与景观数量　　**表4-42**

作者	景观诗歌组合的名称	诗歌（及对应的景观）数量
李世民	《帝京篇十首并序》	10
杜审言	《和韦承庆过义阳公主山池五首》	5
骆宾王	《同辛簿简仰酬思玄上人林泉四首》	4
刘长卿	《湘中纪行十首》	10
	《龙门八咏》	8
李白	《塞下曲六首》	6
	《横江词六首》	6
高适	《宋中十首》	10
杜甫	《陪郑广文游何将军山林十首》	10
	《秦州杂诗二十首》	20
	《夔州歌十绝句》	10
	《秋兴八首》	8
白居易	《和答诗十首》	10
	《秦中吟十首》	10
	《和春深二十首》	20
	《山中五绝句》	5
	《池鹤八绝句》	8
韦处厚	《盛山十二诗》	12
李绅	《过梅里七首》	7
	《新楼诗二十首》	20
姚合	《题金州西园九首》	9
	《杏溪十首》	10
	《陕下厉玄侍御宅五题》	5
朱庆余	《和刘补阙秋园寓兴之什十首》	10

续表

作者	景观诗歌组合的名称	诗歌（及对应的景观）数量
雍陶	《和刘补阙秋园寓兴六首》	6
皮日休	《奉和鲁望樵人十咏》	10
	《奉和鲁望樵人渔具十五咏》	15
	《奉和鲁望四明山九题》	9
陆龟蒙	《奉和袭美太湖诗二十首》	20
	《渔具诗二十咏》	20
	《樵人十咏》	10
	《四明山诗（九题）》	9
李咸	《依云依睦上人山居十首》	10
陆希声	《阳羡杂咏十九首》	19
贯休	《桐江闲居作十二首》	12
	《秋末入匡山船行八首》	8
	《再游东林寺作五首》	5
	《山居诗二十四首并序》	24

注：来源于吴庆洲《中国景观集称文化研究》。

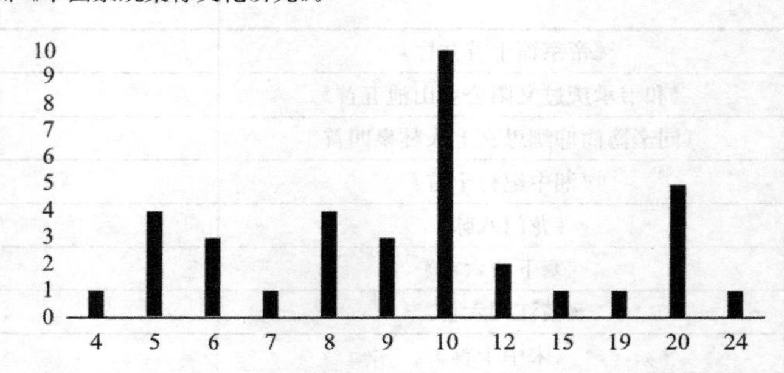

图 4-5　吴庆洲《中国景观集称文化研究》中列举的部分唐代景观组诗中包含的诗歌与景观数量

《中国景观集称文化研究》中列举的部分唐代景观诗歌、绘画及对应的具体景观

表 4-43

作者	诗歌	绘画	园林	具体景观	景观数量
李白	《姑孰十咏》	—	—	姑孰溪、丹阳湖、谢公宅、凌歊台、桓公井、慈姥竹、望夫山、牛渚矶、灵墟山、天门山	10
刘禹锡	《海阳十咏并引》	—	海阳湖园林	吏隐亭、切云亭、云英潭、玄览亭、裴溪、飞练瀑、濛池、棼丝瀑、双溪、月窟	10
王维	《辋川集》（二十咏）	《辋川图》	辋川别业	孟城坳、华子冈、文杏馆、斤竹岭、鹿柴、木兰柴、茱萸沜、宫槐陌、临湖亭、南垞、歌湖、柳浪、栾家濑、金屑泉、白石滩、北垞、竹里馆、辛夷坞、漆园、椒园	20
裴迪	《辋川集二十首》	—			

续表

作者	诗歌	绘画	园林	具体景观	景观数量
李德裕	《思山居一十首》	—	平泉山庄	—	—
	《春暮思平泉杂咏二十首》				
	《思平泉树石杂咏一十首》				
卢鸿	《嵩山十志十首》	《草堂十志诗图》	嵩山别业	草堂、倒景台、樾馆、枕烟亭、云锦淙、期仙磴、涤烦矶、幂翠庭、洞元室、金碧潭	10

注：来源于吴庆洲《中国景观集称文化研究》。

“集景”文化发展于唐代，成熟于宋代。宋代是“集景”文化的成熟期。宋迪的《潇湘八景图》影响最为广泛，并且流传至今。但有记载表明最早的“潇湘八景”绘画起源于唐代与宋代之间的五代时期。虽然没有更多证据证实这一观点，但比较唐代与宋代，景观组合在诗歌、绘画创作中客观存在着延续性。因此居于其中的五代时期，“集景”文化应当有所继承、发展。由《潇湘八景图》引发的“潇湘八景诗”的创作，推动了“八景”成为“集景”文化中最为经典的数字组合。从此“潇湘八景”的八处景观及其四字组成的“诗歌化”景观名称，成为后世“集景”文化的代表。“潇湘八景”相关论述最多，在此不再赘述。

随着中国古典文化的传播，“集景”文化，尤其是“八景”文化同时影响了朝鲜半岛及日本。明代、清代可以视为“集景”文化的成熟后期。明代保持了传统的“八景”“十景”等经典组合，在影响范围上进一步扩散，清代则有所变化。清代的变化主要在于“八景”“十景”等固定数字的经典“集景”组合之外，出现了更多数字的景观组合。组合内包含的景观数量，比较唐、宋时期呈明显上升趋势。例如“二十四景”（如“杭州二十四景”）、“三十六景”（如“避暑山庄三十六景”，始于18世纪初）、“七十二景”（如“康乾七十二景”，由后人将“康熙三十六景”及“乾隆三十六景”叠加组成），形式上多以诗、画进行表现。体现了清代统治者对中国古典文化的继承与发展。日本则在19世纪初，出现了以富士山为主题的“富岳三十六景”绘画（后补充10幅，实际为46幅）。

关于“四大泉群”园林与景观的“集景”，最为重要的是“七十二泉”，亦称“七十二名泉”。除此之外，最为著名的是“济南八景”。其中包含了两处泉水景观，一处是以“趵突泉”为核心的“趵突腾空”；另一处是以“珍珠泉”为核心的“白云雪霁”。“趵突腾空”是对泉水喷涌状态的直接描写，“白云雪霁”则是对“珍珠泉”整体园林建设的描写，带有季节（冬季）及气象特征（雪）。“济南八景”最早见于记载是明代崇祯时期，既处于“集景”文化的成熟期，也符合济南从明代开始，进行大规模城市建设的历史脉络。从两者对比来看，凸显了作为涌状泉的“趵突泉”，相较于作为“串珠状”上涌泉的“珍珠泉”，其泉水喷涌状态对形成景观核心的决定性作用。同时说明长时间作为整体园林建设的一部分的“珍珠泉”，其周围园林环境更为完整，便于呈现出整体性的园林、景观，而非仅仅以泉水取“胜”。

4.3.3 “七十二泉”之“七十二”来源

济南的泉水共有800多处，其中“七十二泉”是济南“泉文化”的核心，传承演化近千年（公元12世纪至今）。隶属“四大泉群”的泉水占据了其中较大的比重。“七十二泉”是“品题”文化与“集称”文化的共同产物。以泉水名称为代表的“品题”内容，较为简单、直白，展现出“品题”文化的早期特征，证明其出现时间较早，且传承较为稳定。济南“集称”文化，集中表现于“七十二泉”历代演化，由于钦记述的金代《名泉碑》，到明代晏壁创作的《七十二泉诗》，再到清代郝植恭创作的《七十二泉记》（表4-44）。发展至今，统称为“七十二泉”，用以区别同地域内的其他泉。因为历代记述的各个泉的名称与具体位置都有变化（例如用已经消失的泉的名称，命名新发现的泉），因此难以判断具体情况。相较于其他泉，“七十二泉”的总体特征在于以下几个方面：景观特征显著（泉水出露特性明显，或汇聚后的规模较大）；发现时间较早；故事传说较为丰富，或与著名历史、神话人物或事件相关。前文中已对泉的名称来源及景观特征等进行了分析，在此将对“七十二”的数字来源进行分析。

历代“七十二泉”名录 **表4-44**

	金代（1115—1234年）	明代（1368—1644年）	清代（1644—1912年）
所含各泉	金线泉、皇华泉、柳絮泉、卧牛泉、东高泉、漱玉泉、无忧泉、石湾泉、酒泉、湛露泉、满井泉、北煮糠泉、北珍珠泉、散水泉、溪亭泉、濯缨泉、灰泉、知鱼泉、朱砂泉、刘氏泉、云楼泉、登州泉、望水泉、洗钵泉、浅井泉、马跑泉、舜泉、香泉、鉴泉、杜康泉、金虎泉、黑虎泉、东蜜脂泉、西蜜脂泉、孝感泉、玉环泉、罗姑泉、混沙泉、灰池泉、南珍珠泉、芙蓉泉、滴水泉、灰湾泉、悬清泉、双桃泉、温泉、汝泉、龙门泉、染池泉、悬泉、都泉、柳泉、车泉、煮糟泉、炉泉、白虎泉、甘露泉、林汲泉、白泉、金沙泉、白龙泉、花泉、独孤泉、醴泉、浆水泉、南煮糠泉、苦苣泉、熨斗泉、鹿泉、龙居泉、趵突泉、百脉泉	趵突泉、金线泉、杜康泉、朱公泉、白公泉、舜泉、濯缨泉、甘露泉、独孤泉、湛露泉、双女泉、罗姑泉、孝感泉、玉环泉、南漱玉泉、北漱玉泉、南珍珠泉、北珍珠泉、南甘露泉、龙门泉、白龙泉、黑虎泉、黑龙泉、鹿跑泉、芙蓉泉、双桃泉、柳絮泉、柳泉、胡桃泉、莴苣泉、金沙泉、白花泉、灰池泉、登州泉、王氏溪亭泉、贤清泉、东皋泉、清水泉、醴泉、酒泉、东蜜脂泉、西蜜脂泉、洗钵泉、香泉、散水泉、明水泉、皇华泉、无忧泉、满井泉、浅井泉、石湾泉、卧牛泉、龙居泉、马跑泉、鱼池泉、知鱼池泉、温泉、悬珠泉、都泉、浆水泉、白泉、南煮糠泉、北煮糠泉、望水泉、熨斗泉、染池泉、车泉、悬泉、灰泉、混沙泉、刘氏泉、道士泉	趵突泉、珍珠泉、都泉、白泉、响泉、悬泉、温泉、冷泉、朱砂泉、胭脂泉、染池泉、林汲泉、白云泉、甘露泉、当道泉、龙门泉、溪亭泉、菩萨泉、舜泉、杜康泉、孝感泉、双忠泉、贤清泉、独孤泉、窦姑泉、罗姑泉、马跑泉、鹿跑泉、白龙泉、腾蛟泉、虎泉、金虎泉、黑虎泉、白虎泉、花泉、草泉、芙蓉泉、莴苣泉、黄华泉、柳絮泉、双桃泉、濯缨泉、洗钵泉、鉴泉、炉泉、南叵罗泉、枪杆泉、玉环泉、试茶泉、煮糠泉、浆水泉、醴泉、蜜脂泉、琴泉、琵琶泉、悬珠泉、漱玉泉、金沙泉、印度泉、锡杖泉、金线泉、麻披泉、灰池泉、浅井泉、天镜泉、水帘泉、涌腾泉、团圆泉、避暑泉、无忧泉、冰冰泉、濋泉

注：历代“七十二泉”名录均来源于《济南泉水志》。

对于“七十二”（“72”）的研究分为两个部分：一部分是语言学视角的研究，从中国古代历史文献中，寻找与“七十二”相同的数字或数量表述方式，并尝试寻找其产生的根源；另一部分是文化景观角度的研究，尝试为“集景”中产生的经典数字组合（例如“八景”“十景”）寻找来源。相较而言，语言学对此研究更为全面，更为深刻。

语言学对此研究较为广泛，详细且深刻的是张德鑫《“三十六、七十二、一〇八”阐释》一文，对“三十六”（“36”）、“七十二”（“72”），“一〇八”（“108”）等频繁出现在中国古代典籍中的数字进行了整理。文中列举了大量与“72”相关的古代记述。其中包括记述春秋战国时期，思想家的生平事迹、语言、思想的《庄子》《管子》；记述汉代历史的《后汉书》等文献。其后各个时代也出现了大量采用“72”表示数量之多的例证。但是总体出现在年代相隔较为久远的古代典籍（例如《周易》《古微书》）中，或是诗、词、小说等事实依据较难以考证的文学作品类型中（表 4-45）。总而言之，“72”在较早时期就成为一种经典的文化现象被广泛采用，用以形容具体数量较为模糊，但是可以确定数量较多的人，或物，或景。“36”“72”“108”一同对应了不同的数量级别，类似于“多”“很多”“非常多”三个对不同程度数量级的形容。

张德鑫《“三十六、七十二、一〇八”阐释》中列举与“72”相关的部分文化现象

表 4-45

文学艺术类型	来源	作者	具体表现	形容主体	主体类型
诗	《风雨泛太湖宿松陵长桥漫兴》	王叔承	七十二桥	桥	建筑
	《题秋江图》	倪瓒	七十二湾	湾	水
	《邺中》	陈恭尹	七十二坟	坟	建筑
	《水滨》	黄遵宪	七十二沽	沽	水
小说	《封神演义》	许仲琳	七十二岁	年龄	人物
	《三国志演义》	罗贯中	七十二疑冢	坟	建筑
	《水浒传》	施耐庵	七十二地煞	地煞	人物
	《西游记》	吴承恩	七十二变	形态	人物
传说	—	—	黄山七十二峰	峰	山
	—	—	济南七十二泉	泉	水
	—	—	天津七十二沽	沽	水
	—	—	东岳庙七十二司	司	机构
	—	—	灵隐寺七十二殿	殿	建筑

张德鑫还引用了闻一多关于“72”来源研究的三个层次。第一个层次来源于《周易》（也称《易经》）。《周易》记载，“一”到“九”9 个数字中，“三”是代表“天”的数字，“四”是代表“地”的数字。在“一”到“九”9 个数字中，“九”作为“三”的最大倍数，被视为代表“天”的最大的数字。同样，在“一”到“九”9 个数字中，“八”作为“四”的最大倍数，被视为代表“地”的最大数字。“九”与“八”相乘等于“七十二”（“72”）。因此“七十二”（“72”）被视为“天”与“地”，“阴”与“阳”之间融合的象征。于是，“七十二”（“72”）在与“天地”“阴阳”产生联系后，成为一

个模糊表达极大数量所用的概念，暗含了所形容事物在“天地”“阴阳”中的重要地位及影响。第二个层次与“五行”（金、木、水、火、土）文化相关。中国最早的天文历法将一年定为360天，“72”是“360”的五分之一。每个“72”都代表了金、木、水、火、土“五行”中的一个要素（表4-46）。第三个层次将彝族的古代历法与“36”“72”相联系。彝族的“十月太阳历”将每年（360天）分为十个月，每个月36天。以“阴”与“阳”区分“五行”，将一年（360天）分为5个季节。每个季节分为“雌”与“雄”两个月，各36天，两个月则为72天（表4-47）。综上所述，“72”与“天地”“阴阳”的联系，可以追溯至西周时期甚至史前时期，并且与天文历法具有紧密的联系。我国作为历史悠久的农业国家，天文历法直接影响了农业发展。因此“72”对中国古典文化的持续影响与后天发展也存在其合理性。

闻一多对“72”来源于中国早期历法与“五行”的解释　　表4-46

	一年·五行（360天）				
季节（五行）	金	木	水	火	土
天数	72	72	72	72	72

注：以上内容来源于张德鑫《“三十六、七十二、一〇八”阐释》。

闻一多对“72”来源于彝族古代历法的解释　　表4-47

	一年·五季（360天）									
季节（五行）	金		木		水		火		土	
每季天数	72		72		72		72		72	
月份	雌	雄	雌	雄	雌	雄	雌	雄	雌	雄
阴阳	阴	阳	阴	阳	阴	阳	阴	阳	阴	阳
每月天数	36	36	36	36	36	36	36	36	36	36

注：以上内容来源于张德鑫《“三十六、七十二、一〇八”阐释》。

代表“天”“地”的经典数字作为一种文化现象，至明、清两个时期达到鼎盛（例如开始出现“三十六景”）。其原因可能有两个：一方面统治者需要证明自己统治的正统性。因此在文学艺术创作的过程中，不断贴近、强化代表“天”“地”的数字，借此增加自身权威（我国古代皇帝常被称为“天子”）；另一方面，是中央权力集中后，皇帝权力整合文官及文人体系的结果。统治者将原本由文人掌握的自由的文学艺术创作，当作一种文化统治的工具，借此拉拢、控制文官及文人群体。因此经典数字作为外在形式较为简单，并且应用范围较大的一种符号被推广开来，广泛渗透进文学、建筑、园林等领域当中。因此“七十二泉”是中国古典文化背景对济南“泉文化”产生直接影响的结果。但作为其构成基础的泉水名称，则深刻地受到了泉水资源与景观，以及济南地域文化的影响。“七十二泉”可以作为串联济南与全国其他相似地方（包含以“七十二”命名的其他景观所在地），或串联济南域内各泉的一条线索，围绕其进行文旅角度出发的“二次创作”。

展望

对“四大泉群”园林与景观的特性研究，包括物质特性及文化特性两个部分。物质特性是文化特性形成的基础。

“四大泉群”园林与景观的物质特性方面。首先作为一种水文地质现象和自然资源。“四大泉群”园林与景观的物质特性，取决于泉水出露特征及其视觉为主的景观表现。其中“涌状泉”的视觉表现，由泉眼喷涌位置及水量决定，视觉核心位于水面之上。“串珠状”上涌泉的视觉表现，取决于泉水污染程度及周边环境，视觉核心位于水面及水面之下。“渗流泉”的视觉表现，受泉水污染程度与周边环境影响更为明显，视觉核心与“串珠状”上涌泉相同。其具体影响因素包括：观赏距离、观赏角度、积水深度、波动程度、透明度、污染度、光照条件及环境明度。因此对于水源保护，水环境的污染控制及泉水周边建筑、植物等要素的控制对园林与景观影响较大。泉池形态及相关建设组合方式，对物质特性的影响仅次于泉水出露特征。“四大泉群”的泉池建设基本分为两种类型，包括规则形与不规则形。规则形则包括方形和“泉井”。规则形泉池主要在人工因素影响较多的环境中存在；不规则形泉池主要在受自然因素影响较多的环境中存在。“泉井”则主要分布于居民区中，园林与景观特性较弱，功能性高于观赏性。泉池的形式以及建设方式，都可以在中国古典园林的大背景中找到依据。除受自然因素影响较深的泉水出露特征和泉池建设之外，“四大泉群”园林与景观的物质特性也受到了周边建筑的影响。在园林与景观角度，分为纪念性建筑与观景性建筑。按建筑类型角度分析，观景性建筑占据多数。整体风格兼顾了北京的皇家园林与江南文人园林的建筑特征。纪念性建筑主要纪念真实存在、贡献较多，且与本地区有所关联的历史人物。建筑布局以“中轴对称”为主要布局，部分细节存在变化，以配合整体的园林环境。建筑形式以唐代、宋代、近代的民居建筑为主，搭配空间大小不同，处于围合的院落与独立于住宅之外的园林。祭祀性的祠庙建筑基本符合中国古典建筑形式，结构方面更为开敞。观景性建筑的形式与风格受到园林风格的影响，包括自然式园林与规整式园林。自然式园林中的建筑布局较为分散，线条较为夸张；规整式园林中的建筑布局较为规则，线条较为平缓。除以上影响物质特性的三个主要因素之外，还有其他类型的园林与景观装饰。首先是雕塑。雕塑包括依附于建筑的雕塑，包括石雕、木雕、砖雕。主题以体现儒家思想为主，具有教育意义。少部分体现了民间习俗，具有世俗化倾向和地方色彩。独立雕塑以现代时期的作品为主，以民间传说为基础，更为倾向主观的艺术创作。其次是铺装，不同的园林存在不同的铺装风格，材质也有所差异。以中国古典园林风格为主且建设时期较早的“趵突泉公园”，主要采用了中国古典园林中常见的铺装形式。以古典园林与现代公园相结合的“五龙潭公园”，则在经典铺装样式的基础上进行了创新。形式上多采用具有装饰作用的几何形态，材质方面引入了彩色瓷砖等。最后是植物。植物在不同园林与景观要素作为主导的环境中产生了不同作用，配合空间尺度、光照，主要起到了点明空间主题、美化视觉感受和调节微气候的三种作用，且基本符合中国古典园林中的植物配置原则。

“四大泉群”园林与景观的文化特性方面。反映“四大泉群”园林与景观文化特性最为直接的是泉水的名称来源。泉水的名称来源，包括了侧重客观角度：泉水的状态(泉水的出露特性及汇聚状态)，泉池的状态，泉水位置或地域景观。以及侧重主观角度：古代经典诗文，故事传说。通过数据梳理，泉名所反映出的景观类型、空间倾向及发展脉络，都与“四大泉群”的景观特征、空间位置及历史发展相匹配。通过对“未确定名称来源”的泉进行统计，总结出了文化多样性指数。基本与各泉群的历史发展及建设情况相吻合。景观类型方面，“趵突泉泉群”中，视觉占据泉名来源的主体；“五龙潭泉群”中味觉景观占据泉名来源的主体。“黑虎泉泉群”则以视觉景观为主，声音景观为辅，没有味觉景观。因此可以判断“黑虎泉泉群”也是以观赏为主。“珍珠泉泉群”处于明代城区，因此泉名大多与所处环境相关，泉水园林与景观的独立性相对最弱。空间特征及发展脉络方面，“趵突泉泉群”的园林与景观长期位于郊野，但历史最为悠久，以风景名胜区建设为主，市井生活影响较小。“五龙潭泉群”与“黑虎泉泉群”的泉名来源，少部分体现了部分市井生活影响。“珍珠泉泉群”各泉命名以所处的街区、建筑、园林为主，市井生活影响也最为浓厚。文化积累方面，作为传统风景名胜区的“趵突泉泉群”，与位于城区内的“珍珠泉泉群”，文化积累较为丰富；“五龙潭泉群”较少；“黑虎泉泉群”最少，符合其建设时间较晚的事实。整体而言，“四大泉群”在受到中国古典文化影响的同时，客观反映出了济南市地区的历史发展脉络，城市建设历程与格局。除泉名来源外，泉水诗也客观反映了“四大泉群”的文化特性。以宋代与明代的“趵突泉”诗为例，共选取 8 首进行分析。宋代的“趵突泉”诗，反映了“趵突泉泉群”及其周边人工建置较少，以自然环境为主，保持了自然状态。诗文细节中体现了文人夜间游览的习俗，在观赏泉水的同时欣赏“明月”。景观描写以描写乡野风景与日常生活为主；景观联想方面也以猜测泉水的源头为主，较为贴合实际。明代初期的泉水诗，反映了与宋代相似的低人工建置环境，也体现了较多宗教文化的影响（一方面，虚拟景观中的想象部分，从宋代的 8.2%，到明代增长至 12.8%；另一方面，王守仁“趵突泉”诗中提及 4 处道教仙境；至明代中后期道家思想影响开始减弱，可能与城市发展，市民阶层崛起，思想更加理性、务实有关)。明代中后期的泉水诗，体现出“趵突泉”周边开始以人工建置为主，最终出现了较为系统的园林景观环境，如石栏杆（“石槛”）与石桥（“板桥”）及商业建筑（“酒家”）。较宋诗而言，明代“趵突泉”诗对泉水景观描写的增长，体现了人工建置的成功与城市发展的繁荣，“趵突泉”成为声名远播、游人如织的著名胜地。但人为要素出现正增长的同时，自然要素出现了负增长，对实在景物的联想出现了减少，可见城市环境扩张抑制了人们对自然环境的想象。但值得欣慰的是明代文人继承了宋代文人“夜游”的习俗。在泉名与泉水诗之外，体现“四大泉群”文化特性的还有“品题”文化与“集景”文化，以及“七十二泉”中“72”这一数字的来源。“品题”文化代表了文人探索自然，将文学创作施加于自然的一种实践手段。“集景”文化则在“品题”文化的基础上，从唐代诗的组合式创作中逐渐形成（“8”“10”“20”等数量的组合诗在唐代已经成为主流），进而影响绘画、园林创作。“72”这一数字的使用，则体现了中国作为农耕民族，对与农业生产息息相关的天文历法的掌握和朴素崇拜。这些都体现了中国古典文化大背景对济南“泉文化”的影响。包括尊重自然，使人与自然相连接，以及诗歌化的表达对这一过程的浪漫主义的影响。

文旅融合方面。作为位于传统风景名胜区的“趵突泉泉群”，与位于城市中心的“珍珠泉泉群”，因为文人群体与市民群体的频繁活动而使其表现出更强的文化多样性，与古典文化中的主流文化在国家区域内的整体发展也有所关联。“五龙潭泉群”与“黑虎泉泉群”虽然文化多样性不及以上两个泉群，但整体展现出更强的郊野气息与生活气息，可以为地域文化、早期古代文化的再现与开发提供参考。各泉群可以结合泉水资源与景观优势，形成联系紧密又各有特色的“景观叙事”，增强不同季节、节日、昼夜之间的时间联系，和不同泉水、泉群之间，不同风景区之间，不同城市之间的空间联系，共同形成卓然有效的文旅联系。例如借“趵突泉泉群”“珍珠泉泉群”周边场地（“趵突泉公园”“府学文庙”）将其儒家文化积累改编为室外情景剧表演等文旅展示活动，同相近的曲阜形成联动；或是借由神话、传说于“五龙潭泉群”“珍珠泉泉群”各泉水周边定期举办不同内容的周期性节庆活动。更新、扩展护城河沿岸空间，使之成为连通各泉群与大明湖的通道，并于设计时在封闭与开放中寻求平衡，保护泉、渠、河、湖共同造就的“景观叙事”“文化叙事”的连续性。避免旅游线路与城市道路的重叠交叉造成拥堵与负面体验，形成同时服务市民与游客的有序空间。在“珍珠泉泉群”分散的古城内部，道路更为狭窄，则要以景观节点串联、引导不同泉水及其周边文化建置。“政府搭台，经济唱戏”的同时，实现“文化搭台，旅游唱戏”，在本地文化与游客互动的过程中创造新的文旅内容，实现双赢（近两年“超然楼”亮灯形成了“景观”，但缺少“叙事”，内容结构及体验过于单一，游客偏向于“猎奇”，而缺乏持久吸附的能力与拉动消费的“造血”能力），由此丰富现今市民与游客的文旅体验，提高自身“吸附力”，形成持续、有序的游客“潮汐”，也避免了现今游客过于集中于“五一”“十一”等小长假，瞬时人流过大而造成的人群疏解与管理压力，与过载后旅游客流无法充分承接，而造成的资源浪费与游客的负面反馈等问题。使短期政府投入与客流形成的“大水漫灌”改为长期持续有序的“滴灌”，降本增效，提高政府与民众各项投入的回报率。借由“景观叙事”“文化叙事”的连续性吸附游客，将“四大泉群”作为拉动济南全域泉水资源与景观甚至全市全省文旅发展的引擎，在文旅融合中同其他地域形成“强强联合”或“差异化竞争”，实现文旅牵头的区域高质量发展。

综上所述，“四大泉群”园林与景观特性，整体以客观物质存在为基础，结合中国古典文化背景所提供的叙事语境，进行了有据可依的联想与想象。在与我国古代整体文化背景相联系的同时，建立了独特的泉水审美体系，充分发挥了地域文化与城市生活的创造性，体现出了风景名胜与市井生活、高雅与世俗自然与人工相融合的特性。在未来的文旅与地方发展过程中，要充分利用“四大泉群”天然独特的泉水资源与景观，接续创造与我国广泛文化背景相联系而又有所区别的新的园林与景观。

附录

济南市“四大泉群”历代周边主要园林相关建置及数量（部分为同一位置，不同时期、不同名称的园林；“黑虎泉泉群”形成时间较晚，园林建设较少，本表不含“黑虎泉泉群”） **附表1**

泉群	朝代				总计
	魏晋南北朝	隋、唐	宋、金、元	明至清中叶	
趵突泉泉群	娥姜祠	—	历山堂，泺源堂，胜概楼，吕公祠，万竹园，徐正权刘诏宅园（含槛泉亭），灵泉庵	泺源白雪楼，来鹤桥，观澜亭，蓬山旧迹坊，谷继宗亭园，历山书院（原谷继宗亭园），灰泉别业，通乐园（又名川上精舍，原万竹园），王氏南园（原万竹园，通乐园），椭园、燕园，尚志书院，泺源书院	20
五龙潭泉群	浮图大明寺，客亭	历下亭（据位置猜测为原“客亭”）	历下亭（重修）	太仆池亭，鲛人馆，霖雨亭，我忆阁，图云馆，伊人馆，逯园（原伊人馆），贤清园（原伊人馆、逯园），朗园（原伊人馆、逯园、贤清园），漪园，潭西精舍	15
珍珠泉泉群	流杯池，历祠	—	溪亭，舜园，张氏宅园、舜祠（重修，原历祠）	明德藩王府西苑（原张氏宅园位置），巡抚部院署西园（原明德藩王府西苑），退园（原明德藩王府西苑、巡抚部院署西园），提督学政署，江园，布政司署西花园	12
总计	5	1	12	27	47

注：以上内容整理自宋凤《济南城市名园历史渊源与特色研究》。

中国古代各个时期与泉水明确相关的园林 **附表2**

朝代	要素							集景
	名称	地区	类型	泉名	来源	位置	建置手法/目的	
唐代	华清宫	陕西西安	离宫御苑（皇家园林）	华清池	因宫名得名	园内	以人工石砌温泉池为核心/泉水为皇家沐浴治疗疾病	—
	辋川别业	陕西蓝田	郊野别墅园（私家园林）	金屑泉	泉水涌流如“金屑”	园内	以天然风景取胜/游赏	“辋川二十景”之“金屑泉”
	柳宗元住所	湖南永州	风景区/景点	愚泉	“因愚触罪”遭到贬谪	郊野	以天然风景取胜/游赏	“永州八愚”之“愚泉”
宋代	董氏西园	河南洛阳	游憩园（私家园林）	—	—	园内	以天然风景取胜/游赏	—

续表

朝代	要素							集景
	名称	地区	类型	泉名	来源	位置	建置手法/目的	
宋代	叶氏石林	浙江湖州	私家园林	西泉、东泉	与园林的相对位置	郊野	以天然风景取胜/饮用为主，泉水自然补给园林用水	—
宋代	晋祠（宋代）	山西太原	祠庙园林	难老泉	《诗经·鲁颂》：“永锡难老”	园内	以人工石砌泉池成景/祭祀为主	—
辽代/金代	玉泉山行宫	北京（中都）	行宫御苑（皇家园林）	无（仅记述“泉眼五处”）	—	郊野	以自然风景取胜/泉水自然补给园林用水，游赏为主	“燕京八景”之“玉泉垂虹”
辽代/金代	香山寺（永安寺）/香山行宫	北京	寺观园林/行宫御苑（兼有寺观园林、皇家园林、公共园林性质）	感梦泉	金章宗于梦中射箭入地涌出一泉，命人寻找所得	郊野	以自然风景取胜/饮用为主	—
明代	休园	江苏扬州	宅园（私家园林）	—	—	园内	以人工模仿自然风景取胜/游赏为主	—
明代	拙政园	江苏苏州	宅园（私家园林）	玉泉	无	园内	以人工模仿自然风景取胜/游赏为主	“拙政园十二景”之“玉泉”
明代	寄畅园	江苏无锡	郊野别墅园（私家园林）	惠山泉	泉水发源于惠山	郊野	以人工模仿自然风景取胜/人工引入泉水，补给园林用水，游赏为主	—
明代	碧云寺	北京	寺观园林	—	—	郊野	以人工模仿自然风景取胜/游赏为主	—
清代	畅春园	北京	离宫御苑（皇家园林）	—	—	郊野	以自然风景取胜/人工引入泉水，补给园林用水，游赏为主	—
清代	避暑山庄	河北承德	离宫御苑（皇家园林）	—	—	园内	以自然风景取胜/人工稍加开凿，泉水原地汇集成园林水体，游赏为主	“康熙三十六景”之“风泉清听”“泉源石壁”“远近泉声”“澄泉绕石”
清代	静宜园	北京	行宫御苑（皇家园林）	玉乳泉	—	园内	以自然风景取胜/泉水自然补给园林用水，游赏为主	“乾隆二十八景”之“玉乳泉”
清代	静明园	北京	行宫御苑（皇家园林）	玉泉、裂帛泉	—	园内	以自然风景取胜/游赏为主	“燕京八景”之“玉泉垂虹”；“静明园十六景”之“玉泉趵突”“裂帛湖光”

续表

朝代	要素							集景
	名称	地区	类型	泉名	来源	位置	建置手法/目的	
清代	瘦西湖	江苏扬州	风景区、园林集群（私家园林）	花屿双泉	—	园内	以人工模仿自然风景取胜/游赏为主	“瘦西湖二十四景”之“花屿双泉”
	西泠印社	浙江杭州	原孤山行宫一部分（皇家园林）	清池	—	园内	以人工模仿自然风景取胜/游赏为主	—
	网师园	江苏苏州	宅园（私家园林）	涵碧泉	宋代朱熹“一水方涵碧”	园内	以人工模仿自然风景取胜/游赏为主	—
	大觉寺	北京	寺观园林	—	—	郊野	以人工模仿自然风景取胜/泉水自然补给园林用水，游赏为主	—
	潭柘寺	北京	寺观园林	—	—	郊野	以人工模仿自然风景取胜/泉水自然补给园林用水，游赏为主	“潭柘十景”之“飞泉夜雨”
	古常道观	四川都江堰	寺观园林	—	—	郊野	以自然风景取胜/游赏为主	—
	百泉	河南辉县	公共园林	百泉	“因地下泉水涌出上百道而得名”	郊野	以自然风景取胜/游赏为主	—

注：以上内容整理自周维权《中国古典园林史》。

参 考 文 献

[1] 郦道元. 水经注校证 [M]. 陈桥驿，校证. 北京：中华书局，2007：209-210，209.

[2] 程秀明，赵玉祥，彭玉明. 济南山水泉价值研究 [C]//安徽省地质学会. 加强地质工作促进社会经济和谐发展——2007 年华东六省一市地学科技论坛论文集. 山东省地矿工程勘察院，2007：494-496.

[3] 济南市史志办公室编. 济南泉水志 [M]. 济南：济南出版社，2013：20-23，20-21，21+23，20-22，620，19，28-29，29-32，32-34，483，491，421-422，619，620，621，622，623，118-129，146-147，28-34.

[4] 周维权. 中国古典园林史 [M]. 北京：清华大学出版社，2008：26-36，119-120，357，292-293，202-203（华清池），229-232（辋川别业），234（柳宗元宅），299-300（董氏西园），309（叶氏石林），335-339（晋祠），345-346（玉泉山行宫），347（香山寺），377-378（畅春园），386-388（避暑山庄），393（休园），398-400（拙政园），402-407（寄畅园），441（碧云寺），492-499（静宜园），500-508（静明园），589-590（瘦西湖），597（西泠印社），619-624（网师园），696-698（大觉寺），711-713（古常道观），725-729（潭柘寺），743-745（百泉）.

[5] 针之谷钟吉. 西方造园变迁史：从伊甸园到天然公园 [M]. 邹洪灿，译. 北京：中国建筑工业出版社，2016：3，12，64，80.

[6] 彭一刚. 中国古典园林分析 [M]. 北京：中国建筑工业出版社，1986：91，47-50，47-48，48-49.

[7] 于钦. 齐乘校释 [M]. 刘敦愿等，校释. 北京：中华书局，2012：137，138-139.

[8] 齐廉允，夏季亭. 济南传统园林的地域特色及其现代价值分析 [J]. 安徽农业科学，2012，40（15）：8616-8618，8621. DOI：10. 13989/j. cnki. 0517-6611. 2012. 15. 051.

[9] 宋凤. 济南城市名园历史渊源与特色研究 [D]. 北京：北京林业大学，2010：180-181.

[10] 牛沙. 杭州市西湖风景名胜区古泉池景观研究 [D]. 杭州：浙江农林大学，2014.

[11] 刘刚. 济南生态基础设施景观格局及规划策略 [C]//中国城市科学研究会，天津市滨海新区人民政府. 2014（第九届）城市发展与规划大会论文集—S10 城市基础设施规划与生态环境建设和投融资改革. 济南市城市规划咨询服务中心，2014：5.

[12] 计成，园冶注释 [M]. 陈植等，校释. 北京：中国建筑工业出版社，1988：47-48，212-215，219-220，220-221，88，89，195-199，56-70.

[13] 文震亨. 长物志 [M]. 胡天寿，译注. 重庆：重庆出版社，2017：69-70.

[14] 李渔. 闲情偶寄 [M]. 江巨荣等，校注. 上海：上海古籍出版社，2000.

[15] 左丘明. 春秋左传注 [M]. 杨伯峻，编著. 北京：中华书局，2018：129，640.

[16] 李贤. 大明一统志 [M]. 西安：三秦出版社，1990：355.

[17] 陆釴. 嘉靖山东通志上册（山东）[M]//天一阁藏明代方志选刊续编：第 51 册. 上海：上海书店，1990：92-93.

［18］ 刘勅．历乘［M］．刻本．北京：中国书店，1959（作者注：古籍刻本无页码）．
［19］ 任弘远．趵突泉志校注［M］．刘泽生等，校注．济南：济南出版社，1991：202-204．
［20］ 司春杨．园林理水的地韵之美［D］．重庆：重庆大学，2009．
［21］ 陆敏．古代济南的园林建设［J］．中国历史地理论丛，1998（03）：49-58，253．
［22］ 张华松．古代济南泉水景观园林的发展［J］．济南职业学院学报，2013，（05）：1-14．
［23］ 阴慧文．儒家思想对济南泉景园林的影响初探［J］．山东社会科学，2015，（S2）：500-501．
［24］ 李成，纪燕．论齐鲁园林中蕴含的隐逸情怀［J］．东岳论丛，2016，37（11）：182-186．
［25］ 宋凤，刘光文，丁国勋．济南近代私家园林营建特征及影响因素［J］．山东建筑大学学报，2009，24（06）：522-528．
［26］ 王妍．济南近代园林初探［D］．武汉：华中科技大学，2013．
［27］ 王向荣，林箐．“泉城”的水岸复兴——济南大明湖及护城河沿岸景观规划［J］．中国园林，2008，24（12）：33-38．
［28］ 温莹蕾．浅谈水体景观的设计——以泉城济南为例［J］．四川建筑，2010，30（02）：18-20．
［29］ 徐艳芳，王志远，付飞营．济南地域文化与景观特色塑造的途径与方法［J］．山东建筑大学学报，2011，26（05）：466-470．
［30］ 庞博，刘淑燕，张杰．古城遗韵——济南市明府城泉水现状及保护探究［J］．中国园林，2014，30（02）：44-48．
［31］ 张建华，王丽娜．泉城济南泉水聚落空间环境与景观的层次类型研究［J］．建筑学报，2007，（07）：85-88．
［32］ 张杰，阎照，霍晓卫．文化景观视角下对济南泉城文化遗产的再认识［J］．建筑遗产，2017，（03）：71-82．
［33］ 楼吉昊，尹若冰，阎照，等．遗产观指导下的城市特色挖掘和空间管控——以济南泉城文化景观保护为例［C］//中国城市规划学会，东莞市人民政府．持续发展 理性规划——2017中国城市规划年会论文集（09城市文化遗产保护）．北京清华同衡规划设计研究院有限公司；北京国文琰文物保护发展有限公司；清华大学，2017：8．
［34］ 郭兆霞．济南名泉文化景观的活态保护与发展［J］．现代园艺，2018，（10）：73-75．
［35］ 刘勰．文心雕龙［M］．戚良德，辑校．上海：上海古籍出版社，2015：287．
［36］ 庄周．庄子［M］．孙通海，译注．北京：中华书局，2007：55．
［37］ 孔子．论语译注［M］．金良年，译注．上海：上海古籍出版社，2004：48．
［38］ 郭思编．林泉高致［M］．杨伯，编著．北京：中华书局，2010：15，11，64．
［39］ 陈从周，蒋启霆选编．园综［M］．赵厚均，注释．上海：同济大学出版社，2004：174-176．
［40］ 钟毓龙．说杭州（增订本）［M］．杭州：浙江人民出版社，1983：157．
［41］ 白居易．白居易集［M］．顾学颉，校贴．北京：中华书局，1999：944．
［42］ 孙治．灵隐寺志［M］．杭州：杭州出版社，2006：5．
［43］ 杨万里．杨万里集笺校［M］．辛更儒，笺校．北京：中华书局，2007：1102．
［44］ 鲍沁星，张敏霞．南宋临安皇家园林中的“西湖冷泉”写仿现象探析［J］．北京林业大学学报（社会科学版），2013，12（02）：8-13．
［45］ 杰里柯G，杰里柯S．图解人类景观：环境塑造史论［M］．刘滨谊，译．上海：同济大学出版社，2015：23，109，204-205，219，221，232-247，261．

[46] 圣经 创世纪［EB/OL］．［2019-10-24］．http://www.o-bible.com/cgibin/ob.cgi?version=hgb&version=kjv&version=bbe&book=gen&chapter=2.

[47] Fountain［Z/OL］．［2019-10-24］．https://en.wikipedia.org/wiki/Fountain.

[48] 布思．风景园林设计要素［M］．曹礼昆，曹德锟，译．北京：北京科学技术出版社，2015：265-289，265，267-268，73.

[49] 鲍沁星．两宋园林中方池现象研究［J］．中国园林，2012，28（04）：73-76.

[50] 黄智海．阿弥陀经白话解释［M］．上海：上海古籍出版社，2014：44-47.

[51] 刘鹗．老残游记［M］．北京：中华书局，2013：7.

[52] 刘敦桢．苏州古典园林［M］．北京：中国建筑工业出版社，2005：22.

[53] 王茹，贾颖颖，陈林．文化空间视野下的山东名人祠庙建筑特征研究［J］．中国文化遗产，2018，（05）：101-106.

[54] 李清照．李清照词集［M］．上海：上海古籍出版社，2009：26.

[55] 孔丘编订．诗经［M］．北京：北京出版社，2006：209，315.

[56] 佚名．尔雅［M］．管锡华，译注．北京：中华书局，2014：459.

[57] 孟子．孟子［M］．方勇，译注．北京：中华书局，2010：135.

[58] 陆机．陆士衡文集校注［M］．刘运好，校注整理．南京：凤凰出版社，2007：307.

[59] 刘家麒．风景园林美学的核心理论——金学智先生《风景园林品题美学》读后［J］．中国园林，2012，28（02）：69-70.

[60] 杜道明．中国古典园林的审美特色［J］．中国文化研究，2011，（04）：150-156.

[61] 吴庆洲．中国景观集称文化研究［J］．中国建筑史论汇刊，2013，（01）：227-287.

[62] 张德鑫．“三十六、七十二、一〇八”阐释［J］．汉语学习，1994，（04）：38-42.